人，伦理，机器人

一本孩子写给孩子的书

王岭 / 主编

杨晋　闫莹莹 / 副主编

北京大学出版社
PEKING UNIVERSITY PRESS

图书在版编目（CIP）数据

人，伦理，机器人：一本孩子写给孩子的书 / 王岭
主编 . — 北京：北京大学出版社，2023.6
ISBN 978-7-301-33814-8

Ⅰ . ①人… Ⅱ . ①王… Ⅲ . ①人工智能 – 青少年读物
Ⅳ . ① TP18-49

中国国家版本馆 CIP 数据核字（2023）第 035931 号

书　　　名	人，伦理，机器人：一本孩子写给孩子的书
	REN, LUNLI, JIQIREN:YIBEN HAIZI XIEGEI HAIZI DE SHU
著作责任者	王　岭
责 任 编 辑	杨玉洁　　林婉婷
标 准 书 号	ISBN 978–7–301–33814–8
出 版 发 行	北京大学出版社
地　　　址	北京市海淀区成府路 205 号　　100871
网　　　址	http://www.pup.cn　http://www.yandayuanzhao.com
电 子 信 箱	yandayuanzhao@163.com
新 浪 微 博	@ 北京大学出版社　@ 北大出版社燕大元照法律图书
电　　　话	邮购部 010-62752015　发行部 010-62750672
	编辑部 010-62117788
印 　刷 　者	北京宏伟双华印刷有限公司
经 　销 　者	新华书店
	880 毫米 × 1230 毫米　32 开本　9.875 印张　142 千字
	2023 年 6 月第 1 版　2023 年 6 月第 1 次印刷
定　　　价	59.00 元

专家团队（按姓氏拼音顺序）

高世名： 中国美术学院院长、教授、博士生导师。

何怀宏： 北京大学哲学系教授，博士生导师，曾任北京大学伦理学教研室主任。中国伦理学著名学者，主要从事伦理学、人生哲学、社会史等领域的研究。

江　溯： 北京大学法学院研究员，博士生导师，兼任北京大学实证法务研究所主任、北京大学法律人工智能实验室／研究中心副主任、北京大学刑事法治研究中心副主任，主要从事刑法教义学、比较刑法学、网络刑法学、刑罚社会学和人工智能法的研究。

韦　青： 微软（中国）首席技术官。投身亚洲移动通信、信息技术和智能设备等领域三十余年，在电子信息产业领域拥有丰富的知识与实践经验。

王　岭： 微软大中华区公益事务总监。具有多年青少年科普实践经验。

杨玉洁： 北京大学出版社第五图书事业部副主任、策划编辑。

俞建拖： 中国发展研究基金会副秘书长，北京博智经济社会发展研究所所长。

漫画指导： 孙凌玲

1

项目策划及执行团队：

杨　晋：中国电子学会普及工作委员会副秘书长

江　溯：北京大学法学院研究员、博士生导师

杨玉洁：北京大学出版社第五图书事业部副主任、策划编辑

闫莹莹：北京市西城区青少年科学技术馆高级教师

刘　轩：微软中国政府及政策事务总监

王　岭：微软大中华区公益事务总监

张　璋：微软中国公益事务高级经理

本书内容全部由 23 名青少年学生共同创作完成，他们是：

（ * 排名不分先后 ）

公平

隐私与保障

单茂轩、董奕然、袁佳茜、毛瑄徽、卢孟简

可靠与安全

毛楚天、李贝尔、浮齐予、毛翅桐、毛欣然

包容

戴天奇、蒋子涵、王轩怡、李雅轩

负责

左思清、文海钟、赵宜卓、李旺杰

透明

周钰鲲、张添任、李康平、沈子琛、钟爱

致谢：

（＊排名不分先后）

清华大学附属中学

北京大学附属中学

中国人民大学附属中学

北京师范大学附属中学

北京师范大学附属实验中学

北京市第四中学

北京市第八中学

北京市十一学校

北京市第十三中学

特别致谢人工智能小冰，封面及章节篇头插画均由其制作。

目 录

contents

序言一

张宏图
中国电子学会总部党委书记

人工智能从诞生之日始，就为人类社会带来了无数的创想，推动着产业的进步和变革。智能制造、智慧城市、智慧生活、智慧教育……这些人工智能应用方向，组成了我们熟悉的生存环境。

然而，科技从来都是一把双刃剑。如今，在一些领域，人工智能正在取代人的思考与判断，如果它出现了重大失误，我们向谁问责？是技术的应用者、制造者还是技术本身？实际上，这已经不是我们的假想，自动驾驶引发车祸、大数据泄露侵害公民隐私权、机器人医生引发医疗事故……种种问题正在越来越多地涌现。随着人工智能技术更加深入地融入人类生活，如何规避人工智能带来的伦理风险，已经成为社会发展无法回避的重要问题。

我们如何看待、预防和解决人工智能发展带来的问题，甚至过失或灾难？人工智能为我们带来的究竟是福祉还是挑战？

这是一本孩子写给孩子的书。我们组织了一群喜欢技术、热爱生活、关心社会和未来的中学生，通过一年的集中学习、分组创意、设计讨论，孩子们以青少年的视角，对人工智能技术广泛应用后的社会现象、道德问题、法治问题提出了独特的见解，并且通过漫画故事的形式，向读者展现了中国小主人们的眼界和智慧。

非常有幸与微软公司共同策划和编写了这本有趣的科普作品，也特别感谢那么多可爱、执着的孩子们为此投入的热情和精力。我们衷心希望此书能让人们对新兴技术的应用推广保持足够的理性思考，也希望人工智能技术能更好地推动人类的可持续发展。让我们这颗蔚蓝的星球在浩瀚的宇宙中和谐稳定、繁荣兴旺。

序言二

韦青
微软（中国）首席技术官

至今依然清晰地记得疫情前一年与本书作者们初次相聚的场景。

那是一个阳光明媚的夏季周末，当时本书的作者们大都还是朝气蓬勃而又充满稚气的年轻中学生，在微软（中国）公司位于中关村丹棱街 5 号的大厦会议室中，北大与微软的老师和工程师们与这些年轻人一起交流有关人工智能的进展与应用，以及人工智能在道德与伦理领域的挑战与机遇。我当时分享的题目叫作《AI 与亚里士多德》，希望从第一性原理的角度与学生们共同探讨人工智能的本质以及人类自身在这一轮新型的机器能力突飞猛进的时代所应采取的态度与应对的策略。

在当时的社会语境中，人工智能在大众媒体中还经常被形容为一个非常神奇而又不可思议的"神器"，社会的主流观点还没有摆脱以解放人类肌肉能力为代表的机械化时代的工业范式，最明显的表现就是绝大多数人还是受制于"世界经济论坛"执行主席克劳斯·施瓦布博士所倡导的第四次工业革命的观点，而忽略了其实在上世纪末期以钱学森先生为代表的科学家们就已经阐明了工业革命之后的若干轮产业革命的发展逻辑与次第。这是一种基于信息技术、生物技术、认知科学与人体理论发展而综合考虑的系统工程观点，超越了工业时代主要以机器代替人类肌肉力的视角，充分体现了信息论中关于"数据（Data）—信息（Information）—知识（Knowledge）- 智慧（Wisdom）"，即 D-I-K-W 信息金字塔的发展观点，其关注点不仅仅局限于机器的能力，而是把机器扩展人类肌肉能力和思维能力的发展趋势与人类社会的发展和人类自身的福祉结合在一起进行系统化思考与分析，从而做出最有利于人类的技术发展策略与具体行动方案。正是因为当时这种大的社会背景和主流技术话语体系，我们与年轻作者们的分享与讨论就更加强调以批判性的思维观点来考虑这一轮技术发展的正与反的两方面因素，希望激发同学们的深入思考，从年轻人的角度来展现中国下一代学子对于技术发展的深刻理解与认知。

在那之后这批年轻作者们在各位老师与学者的指导下，开始了艰辛的思辨与创作之旅，今天读者们手中的这本书就是经由他们艰苦的付出而结出的硕果。接触过书籍出版的读者们大都能体会到创作的艰辛，更何况还是一批同时要应付繁重学业与艰苦考试的学生们。我是真心为他们感到自豪与骄傲，也更加体会到什么叫作"少年强则中国强"。

由于本书作者的学生背景，本书的内容体系与表达方式不可能像经验丰富的专业学者那般完备与全面，但也正是由于这种特点，本书处处表现出"初生牛犊不怕虎"以及"敢为天下先"的思考角度，我尤其感慨于本书中所提出的"这不是一次工业革命，这是一场启蒙运动"的观点。

的确，到目前为止，过去几百年的工业革命就是基于十五世纪印刷技术的流行所激发的信息以及与信息相呼应的知识的广泛生成与传播，并因此造就了被称为"文艺复兴"，或者更精确地称为一场社会"重生"（Renaissance 之本意）

的巨大变革，进而推动了人类理性的进步和延续了几百年的科学、技术与工程能力的飞跃。前一次以纸张印刷技术为代表的信息革命所产生的是工业文明的范式，随着电子信息技术的出现和普及，人类正在经历因信息数字化而发生的海量知识生成与传播的又一轮社会"重生"，它所造就的社会冲击与影响大概率会远大于目前大家通常认为的又一次工业革命。如果借鉴过去几十年以刘易斯·芒福德、马歇尔·麦克卢汉和尼尔·波兹曼等人为代表的技术与文化研究前行者们的深刻思考，尤其是他们关于信息与媒介以及人类与技术关系的探讨，我们可能会发现我们所面临的更像是类似于新一轮"文艺复兴"或者"社会重生"这种巨大社会变革的挑战与机遇；在这种历史巨变的关键时刻，这些年轻学子们提出"这不是一次工业革命，这是一场启蒙运动"的观点，而不是亦步亦趋地遵循所谓专家的观点，是非常值得反思的。在这个人类都已经进入无人区的时代，每个人面前的题目都是一场开卷考试，既没有所谓的全能先知专家，也没有所谓的现成正确答案，有的只是努力学习、认真思考和知行合一的实践，而这正是本书作者们能够在这本书中表达出可贵洞察的力量源泉。

本书的内容结构简单明了，从人工智能的公平、隐私与保障、可靠与安全、包容、负责、透明几个角度，以年轻人的视角，勇于突破现有的常规，提出了各位作者自身的观点，并以年轻人喜闻乐见的图文并茂方式表达出来，让读者们看到了祖国的未来所表现出来的一种认真与追求。书中所引用的案例、思维模型和思想实验已经能够完整地覆盖目前学术界对于人工智能与人类关系的主流观点，不得不感慨现在年轻人知识覆盖的广度与深度，这大概得益于互联网的发达、信息的自由流通以及智能机器所助力的人类知识蒸馏与经验总结，从某种意义上而言本书的创作与出版本身就有赖于智能机器对人类的正面帮助作用。

但同时我们也要看到，基于同样的机器能力，也形成了虚假信息与错误信息的广泛流动，造就了全球政治、经济、军事与文化局面的混乱与动荡，这正是那些对于信息技术能力有全面冷静理解的前辈们所预言的局面。本书的内容和思考的领域正好契合了现在人类社会所面临的因为信息极度发达以及智能机器能力飞速进步所造就的正、反两方面的社会问题，这本书开了一个好头，我也希望作者们在接下来的学业与工作生涯中，能够继续由此而开始的思索与实践；同时，对于读者们而言，同样需要以本书作为一个起点而不是终点，开始认真思考我们每一个人在这个巨变时代所应持有的态度和采取的行动。一方面让我们每一个人都有能力与机会充分享有因为机器能力的进步而带来的各种便利与收益，另一方面我们也应该通过自己的努力引导机器朝向"以人为本"的目标进行发展，让我们共同为发扬人类福祉做出每一个人应有的贡献。

前言

王 岭

微软大中华区公益事务总监

经过近四年的准备、创作和不断完善,《人,伦理,机器人:一本孩子写给孩子的书》终于要付梓了。这一路徐徐走来,一起创作的同学们很多从中学生成为了大学生。这个有点慢腾腾的节奏,让我们有奢侈的时间体会过程的美好,从容地感受众缘和合带来的一个个惊喜。

2018 年 9 月,北京大学出版社出版了《计算未来——人工智能及其社会角色》一书,其中深入探讨了人工智能带来的机遇、挑战、需要遵循的价值观和对社会产生的多层面的影响。因为参与了本书部分内容的校对和后续活动,我有幸认识了北京大学的江溯教授、何怀宏教授和北京大学出版社的责任编辑杨玉洁女士。当时关于人工智能伦理的讨论还是一个很新的话题。书中的内容和两位教授就这个话题的思考，让从事青少年计算思维教育的我抑制不住地希望把这个有意义的话题分享给青少年们。

　　用什么样的形式能够引起青少年对这个类似于哲学层面思考的兴趣呢？我想到和自己孩子看过的一套漫画：奥斯卡·柏尼菲先生创作的《儿童哲学智慧书》。此外，当时我特别喜欢一个公众号，这个公众号用漫画把各种知识讲解得有趣易懂。于是，我也想尝试漫画的形式。心心念念地希望和这个漫画公众号合作，我和同事张璋像名侦探柯南一样通过各种渠道去找这个公众号的地址和联系人。2019 年 5 月 14 日，我和张璋终于在上海和这个公众号的朋友们见面了！双方真诚地交流了想法，公众号的朋友们还请我们吃了饭。公众号是有运营目标的。创作漫画所需要的费用我们承担不起，很遗憾没能合作，但是公众号朋友们的真诚和热情我一直记在心里。

　　从上海回来的路上，我一度垂头丧气。不能和心爱的公众号合作终究是件不开心的事情。但是，飞机还没在首都机场降落，一个新的主意就冒出来了。一下飞机，我就像打了鸡血一样拉着张璋说:"没钱找专业的人来画没有关系,咱们俩来画吧!"从璋小姐惊恐地看着我的眼神中,我隐隐地感到这个想法不太靠谱……令人尴尬的沉默后,我叹了口气:"好吧,我再想想……"转身悻悻地走了。

一个念头在心里被种下了,总是会发芽。思来想去,某日找到了"复行数十步,豁然开朗"的感觉:我们看到的出版物大都是成年人写给孩子们的。既然希望青少年们了解科技的伦理,为什么不请他们自己讲给同龄人听呢?创作一本"孩子写给孩子的科技伦理漫画书"的想法就这样产生了。想法清晰之后,不禁看哪儿都觉得落英缤纷。我眉飞色舞地去找中国电子学会普及工作委员会副秘书长杨晋老师。同在青少年科普领域工作,与杨晋老师相识多年,他早已习惯了我各种生动的表达方式。听完我抑扬顿挫、眼中闪光的介绍后,杨老师一如既往地淡定:"挺好,我们支持。"虽然寥寥数字,这之后杨老师和学会给我们的支持如定海神针一般让我们心里特别踏实。

没过几天,北京市西城区青少年科学技术馆的闫莹莹老

师来找我吃午饭。在丹棱街 5 号二层的员工食堂，我和莹莹
提到想组织中学生们创作科技伦理漫画书的事情。莹莹立刻
放下伸向水煮鱼的筷子，说这个想法太好了，她可以一起来
招募学生。闫老师在青少年科技教育领域耕耘多年，桃李满
天下，深得很多学校科技教师们和同学们的信任。闫老师的
加入，让这个项目进入了实质开展的阶段。我至今都记得，
那天食堂窗外的树叶格外地绿，生机盎然。

杨晋、杨玉洁、闫莹莹和同学们交流

　　2019 年 6 月 13 日，我把项目计划书发给闫老师，开始
招募学生创作者。同时，我也联系了清华附中的邱楠老师和
北大附中的毛华均老师。在多位中学科技老师的帮助下，6 月
25 日我们确认了由 21 位同学组成的创作团队。同学们来自

北京市西城区、海淀区、东城区，从初一到高三刚毕业的都有。后来，有的同学退出，新的同学加入，还有两位画手同学在我们进入瓶颈阶段的时候出手救场，最终形成了大家今天看到的作者规模。

在准备启动会和培训期间，我和同事刘轩与几位学者到西雅图访问。我把邀请中学生创作科技伦理漫画书的想法和几位学者分享后，何怀宏教授、江溯教授、俞建拖先生欣然

部分同学和项目组

同意为学生们授课指导。回到北京后，行动力超强的江老师组织我、刘轩、杨玉洁、杨晋老师商量。刘轩还联系了小冰公司的同事，由小冰制作每章的篇头插画。微软中国首席技术官韦青先生多年来一直参与青少年科学教育，当我邀请他为同学们辅导的时候，他的期望溢于言表。意外之喜是高世名教授的参与。在和俞建拖先生合作《未来基石——人工智能的社会角色与伦理》研究之时，有幸结识高教授。他的社会责任感和对青年人发自内心的关心让人印象深刻。高教授也欣然同意为同学们指导。这些学者、专家们都是各自领域的翘楚，时间宝贵。为了启发参加创作的同学们，进而影响更多的青少年思考与科技伦理相关的问题，他们通过讲座、邮件、微信、电话不吝赐教。行胜于言，这几位学术界、业界前辈们对青少年价值观、格局的关注、对青少年的期许无须多言。

何怀宏教授为同学们授课

项目启动会和工作坊从 2019 年 7 月 10 日开始。有几位同学因为夏令营或者比赛等原因远程视频拨入。一开始，我曾构想着所有同学们齐聚一堂的画面。这个想象中的画面最终也没能实现，因为同学们的日程安排都非常满，参加这个项目需要挤时间。于是，我们一开始就采用了线上线下混合工作的模式。启动会后，工作坊分为两个部

高世名教授给同学们指导

分：专家讲座和小组讨论。讲座深入浅出，生动有趣。同学们边听边提问，辩论。在创作过程中，同学们同时阅读了很多书籍，比如《伦理学是什么》《工具，还是武器？》。

江溯教授给同学们授课

韦青给同学们授课

俞建拖、刘轩给同学们授课

　　到了小组讨论环节，开始有些混乱。最初同学们分为三个大组，每组6到7人，每人承担不同的任务：写手、画手、技术，其中一位同学兼任组长。因为每个同学的日程都很紧，组员们凑不齐一起讨论的情况经常发生，最初几周进展缓慢。后来同学们细分为六个小组，每组负责一个主题。3到4人的小组效率提高了很多。写手们拿出了第一稿后，所有同学对每组的内容逐一讨论，提出反馈。出版社也阶段性地给出意见。写了改，改了写，同学们修改了不下十二、三稿。这个过程同学们能坚持下来真的不容易。

　　文字内容基本确定之后，轮到画手们挑大梁了。由于这个项目比预期延长了很久，生生地拖到了其中一个章节的画手备战高考，项目一度停滞。我再次找邱楠老师帮忙，请清华附中美术特长班的同学救场。美术班的同学出手不凡，一个周末就完成了初稿。定稿前，这一章节又增加了一个故事，邱老师又帮忙推荐了一位同学，新增的故事也很快画完了。书中每章的绘画风格迥异，完全取决于每组的画手同学擅长什么，除了救场的两位同学，画手都不是美术特长生。

　　从 2019 年 7 月开始，到 2021 年把所有内容交到出版

社，张璋和闫莹莹投入了很多心血，一个组一个组地沟通、催稿。当把文字和画稿交给出版社的时候，估计同学们都长长地舒了一口气，心想终于不用再改了。大家看到这本书的时候，你或许觉得与期望有所差距。我们是一群真诚地抛砖引玉的人，相信读者们会有更敏锐的思考：科技老师启发学生们参与这个没有标准答案的讨论；醉心机器人的同学们会考虑机器人是否对老年人友好；手指飞速敲着代码的同学们会想到所设计的应用是否保护了用户的隐私……

　　这几年一路走来，好几位同学已经升入了大学。同学们有的沉稳内敛，有的乐于表达，共同之处是善于思考。2022 年 1 月微软中国 Ignite 大会，我们邀请了三位同学到现场分享。其他同学从世界各地发来短视频。看着他们一张张青春洋溢的脸，想着做项目的时候他们或者皱着眉头思考，或者有条不紊地阐述观点，或者慷慨激昂地针砭时弊的样子，我深信，若干年后，当千千万万像他们这样的青年走上各行各业，未来不更好才怪呢。

这里记录下关于本书创作过程中的一些梗概。局限于我的文字能力，未能尽述。雪泥鸿爪，希望能留在参与本书创

作的人心里。项目虽然结束了，关于科技伦理的讨论一直在继续。这本书带给读者的不是答案，而是思考。希望这间科技伦理的讨论室有越来越多的人走进来，不断提问，不断探索，不断思辨。

最后回答有人问我的问题，为什么要组织这么多人合力为青少年编写一本思考科技伦理的书。我想是因为我的姥姥、姥爷。姥爷是位木工，曾和来自全国各地的能工巧匠们一起修建人民大会堂等新中国十大建筑，他只有小学文化。姥姥不识字，一生操持家务。我从小和他们一起长大，他们没有教过我文化知识，而是言传身教地告诉我应该如何做人。现在学习知识、技能的机会比比皆是，当我们掌握了十八般武艺，手握各种资源之时，应该如何用？这个思考，就是编写本书的初衷。

杨娜（主持人）、江溯、单茂轩、蒋子涵、戴天奇、韦青
在 2022 微软中国 Ignite 大会

公平
Fairness

引　言

　　如果你和你的好朋友要分享一个苹果,你会怎么分呢?在理想情景中,你的好朋友和你的情况完全相同,那么,平分是十分公平的选择。可在现实中,你们之间会存在差异,如你的好朋友比你年幼很多,因此胃口比你小,或是他刚刚吃过苹果,那么平分一个苹果是否还是公平的呢?在现实生活中,往往很难达到绝对的公平,不过人们还是希望尽量去偏见化,做到相对的公平。在人工智能的发展中,也是一样。

故事一

COMPAS

真的公平吗?

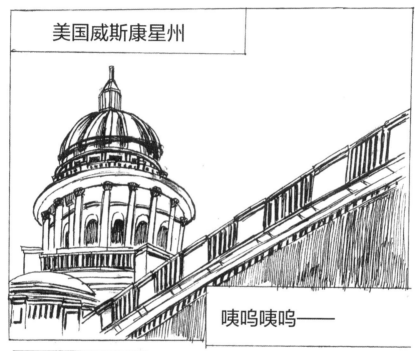

美国威斯康星州

唉呜唉呜——

吱——

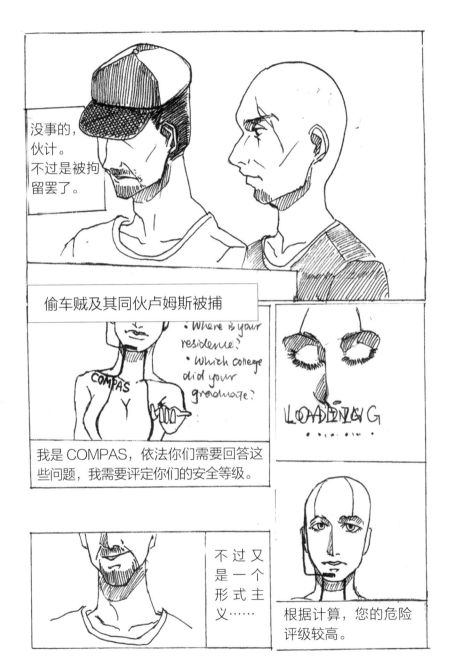

根据律法及COMPAS计算结果

8年零6个月有期徒刑！

等等，这、这并不公平！！

可事实上，这是根据COMPAS的计算结果决定的。

COMPAS 是由私人企业编写，能够帮助司法者作出判断的人工智能。

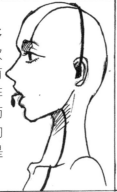

你在学校多久打一次架？你有多少朋友非法使用药物？受过的最高教育是什么？

她通过询问被告 137 个问题，搜索他曾经的犯罪记录，经过严密的计算得到了一串数据，包括了：

性格稳定度　　孤僻程度

犯罪型人格得分

以及，

最重要的……

危险指数

即"未来再次犯罪的可能性"。

在威斯康星法庭看来，COMPAS 就是一堆冷冰冰的算法，很客观，完全不受个人情绪影响。能更客观地看待案子，最大化消除偏见对于断案的影响。

但真是如此吗？

2016 年 COMPAS 做出的几例疑似种族歧视的判断让我们不由持怀疑态度。

Brisha Borden

评分 :8
高危 !!! HIGH RISK

Vernon Parter

评分 :3 一般危险
LOW RISK

非洲裔女孩　　　　　　　白人大叔

Brisha Borden 与 Vernon Parter 因盗窃罪被捕，两人都被控窃取价值 80 美元的物品。
女孩之前有 4 次行为不当，没有入狱经历；大叔有过两次持枪抢劫，曾坐过 5 年牢。结果却如上图所示。

COMPAS 完全基于以往的数据学习，那么也应当是和现实社会中法官判断一致，自然公平。

COMPAS 的最大问题是数据公平性，我们本身就在一个存在偏见的社会。据统计，非洲裔被误判的概率为白人的6倍，因此根据偏见数据学习的 AI 很难客观。
COMPAS 需要学习公平的数据来减少判案的不公平因素。

COMPAS 案件——由社会不公平现状而衍生的不公平的人工智能（客观）

在美国威斯康星州，窃车的小偷卢姆斯和同伙被警察抓获，被法院判处了盗窃罪。原本，这案子并不算大，但是在卢姆斯接受了一个叫作 COMPAS 的软件系统的提问后，法官宣布，判处卢姆斯长达 8 年零 6 个月的有期徒刑，这大大超出了正常盗窃罪的刑期。法官给出的理由是这样的：

"根据 COMPAS 的测试，被告被认定为对社会具有高危险性的人。"

那么 COMPAS 到底是什么呢？

COMPAS 是一个由私营企业编写出的、能够帮助司法人员作出判断的智能 AI。

它通过向被告询问 137 个问题（比如"你在学校多久打一次架？""你有多少朋友非法使用药物？""你受过的最高教育是什么？"），还有搜索他曾经的犯罪记录，得到一堆数字，然后经过公司设定的复杂算法，最终得出一长串数据。这里面包括他的孤僻程度、犯罪型人格的得分、性格稳定度，以及最重要的——他的"危险指数"，也就是"未来再次犯罪的可能性"。

在威斯康星州的法院看来，COMPAS 就是一堆冷冰冰的算法，很客观，完全不受个人情感因素的影响，因此能够更公正无私地看待案子，最大化地消除偏见。

可事实真的是这样吗？

根据 ProPublica 的研究，COMPAS 似乎并没有那么完美。

尽管在 COMPAS 的 137 个问题中，没有关于被告"种族"的问题，这也是人们说它客观的原因之一。2016 年，ProPublica 却发现了很多"AI 种族歧视"的情况。

比如，非洲裔女孩 Brisha Borden 和白人大叔 Vernon Parter 因为盗窃罪被捕，两人都被控窃取价值 80 美元的东西。女孩之前有过 4 次行为不当，没有入狱经历；而大叔有过两次持枪抢劫，还曾经坐过 5 年牢。结果女孩被 COMPAS 判断的危险指数是 8，属于"高危"，而大叔的指数却是 3，属于"一般危险"。你觉得 COMPAS 公平吗？

A：COMPAS 完全基于以往的数据进行学习，那么也应当是和现实社会中法官的判案相一致的，自然是公平的。

B：COMPAS 最大的问题在于数据来源的公平性存疑，这些过去判案的数据来自我们置身其中的并不完美的世界，本身就存在偏见。据统计，非洲裔被误判的概率是白人的 6 倍。根据本身存在偏见的数据学习的 AI 也很难做到客观，因此相对而言是不公平的。如果希望 AI 可以减少判案的不公平因素，那么 COMPAS 就需要通过公平的判案数据进行学习。

故事二

Autonomous Car

你在马路上驾驶汽车

路中间突然出现一个行人

左边是水泥墩，撞上便车毁人亡。

右边是有一个骑车人的自行车车道。

嗯……可以随机选择，这样每个选择概率相同，相对公平。

也能让自动驾驶汽车的车主自行选择，如在购车时选择"以挽救更多生命为优先""尽量避免无辜者受伤"还是"自我保护优先"的车型。

15

我……我会左转，
我不想造成别人的死亡。

我会直行，毕竟是行人的出现导致这
一切，行人应该对他的行为负责。

那么人工智能应该如何
编写？

在这种情况下，直行相对公
平，但如果路中间出现了五
个人呢？应该直行还是挽
救更多的生命？

我究竟该如何抉择？

自动驾驶汽车程序的编写——对公平的不同定义和判断（主观）

假设你在马路上驾驶汽车，这时路中间突然出现了一个行人。你的左边是水泥墩，如果撞上便会车毁人亡，你的右边是有一位骑自行车的人的自行车道，手握方向盘的你，会如何选择呢？

A：我会选择向右转，因为我不能接受在可以挽救一个人的生命时无所作为，虽然这样自行车道的人会死，但我最起码尽力了。

B：我会左转，我不想造成别人的死亡。

C：我会直行，毕竟是行人的突然出现导致了这一切，行人应该对自己不遵守规则的行为负责。

在面对同样的情况时，不同的人会有不同的选择，那么人工智能虚拟驾驶的程序该如何编写呢？也许在这种情况下，直行是相对公平的选择。但如果路中间出现了五个人呢？我们还会因为行人的闯红灯而毫不犹豫地直行吗？还是会挽救更多的生命？在这种不易区分哪种选择更加公平的情况下，人工智能要如何编写呢？

A：可以随机选择，这样每个选择的概率都是相同的，相对公平。

B：也可以让自动驾驶汽车的车主自行选择，如在购车时选择是以挽救更多生命、尽量避免无辜的人受伤为原则，还是以自我保护优先为原则。

●思考:

对于去偏见化, 你有什么好的办法吗?

世界能够对人工智能规范条例达成共识吗?

人工智能真的会比人类公平吗?

●总结:

Q: 人工智能为什么会导致不公平呢?

A: 可能因为学习数据中带有偏见, 或者编写者本身对于公平的主观判断有差异, 或者各国文化及价值观的差异, 这些都可能导致不公平。

Q: 人们该如何解决这个问题呢?

A: 首先, 对于人工智能学习的数据, 不能仅仅确保代表性, 还需要去偏见化。在一个由不同价值取向的个体构成的社会中，做到去偏见化是非常困难的，这需要进一步研究。

其次，对于主观判断差异和文化差异，编写者本身也要理解人工智能的结果的含义和影响，并在本身就存在争议的问题上，广泛考虑各方面利益，进行讨论，最终制定人工智能编写的大前提（如生命至上等）。

最后，人工智能与人类的关系也有可能会导致不公平的存在。在这个问题上，我们需要考虑人工智能的权利与义务，判定人工智能是否是心灵实体，并据此出台相应的法律法规。作为心灵实体，人们应当给予它同等尊重，并在违反法律时，限制其自由；若不是，则只需尊重制造他的人，并在违反法律时中止其运行。设定完善的法

规不仅能保证人与人工智能间的公平，还能够避
免人工智能或设计人工智能的公司利用法律体系
的漏洞造成对大众不公平的情况发生。

为了保证人工智能的公平，社会可以通过制
定限制人工智能的法律，并通过人工智能对人工
智能进行外部监管，也可以在每个人工智能中植
入法律准则限制运行，或是编写算法使人工智能
具有和人一样的道德体系和价值观，"弥补人工智
能技术应用造成的思维碎片化、判断机械化、推
理简单化的缺陷，发挥知情意相结合、真善美相
结合、提高思维效率的优势，实现人工智能和人
类智能的有机统一。"（李伦、刘梦迪、胡晓萌、
吴天恒：《智能时代的数据伦理与算法伦理——第

五届全国赛博伦理学暨数据伦理学研讨会综述》)

目前所反映出的不公平可能仅仅是冰山一角，如何去偏见化，这是一个需要我们持续讨论和研究的课题。在我们不能全面了解导致人工智能不公平的因素时，人工智能的设计需要十分谨慎，并遵循公开透明的原则。

●● 参考文献：

1.《计算未来：人工智能及其社会角色》，北京大学出版社 2018 年版。

2.《他偷辆车就被人工智能评估重判 8 年。当 AI 触角伸向司法界，是合理，还是荒唐？》，载"英国那些事儿"微信公众号，2017 年 5 月 26 日。

3.李伦、刘梦迪、胡晓萌、吴天恒：《智能时代的数据伦理与算法伦理——第五届全国赛博伦理学暨数据伦理学研讨会综述》，载《大连理工大学学报（社会科学版）》2019年第3期。

4.潘宇翔：《大数据时代的信息伦理与人工智能伦理——第四届全国赛博伦理学暨人工智能伦理学研讨会综述》，载《伦理学研究》2018年第2期。

5. https://www.propublica.org/article/machine-bias-risk-assessments-in-criminal-sentencing。

Intelligent Assistant

吱呀

嗒

啪哒

Hello everyone! 在今天的课开始之前，先让我们欢迎助教先生 Alex! 他是一名出色的 AI 助教，接下来将与我们一起完成学业！

我将负责各位的作业、签到与课上点名，请多指教。

wow 是 AI 诶！

Prof.Bai 总是喜欢给我们这些意想不到的东西。

Max 先生，请您回答 Prof. Bai 的问题。

啊？可我并没有要求回答。

我也没有什么想说……

是的，但数据显示，您自开课至今只发言三次。为保证公平性，您需要增加发言次数。

是的 Alex，我认为学生的意愿也该被考虑。我看到 Amy 已经举手很长时间了，如果只考虑"公平性"我们将会错过很多精彩发言。

可是我的原产国 M 国的研究院给我设定的程序就是公平高于效率与自由，可能与 B 国本国的国情不符。

文化偏见

生活在崇尚自由的 B 国的教授 Bai 先生从 M 国带回了一个人工智能教学机器人，作为他在大学教书的助教，可没过几天他们之间就产生了冲突。助教在点同学发言时遵从公平的原则，用随机的方式抽出同学的名字。教授却认为这样做减少了很多真正有想法的同学自由发言的机会，不仅限制了这些同学在思维碰撞过程中产生的火花，还导致课上其他人错失了精彩的发言。可助教却辩解称，在 M 国公平才是第一位的，远比效率和自由要重要。

看来机器人也要入乡随俗啊……

番外故事：番外二

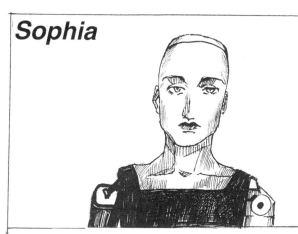

Sophia

当地时间 2017 年 10 月 25 日，机器人 Sophia 在沙特获得国籍，成为世界上第一个获得公民身份的机器人。

请登录后发表评论。

0/500

评论

陆荏贾
这是不是说明人工智能正处于与人类平等的地位？这个决策合理吗？

大伊万
机器只是机器，没有人类所具有的情感和价值观，是不能被平等对待的，同时它们也没有承担法律义务的责任。

东风快递，使命必达
若人工智能可以履行和人类相同的义务，那么也应当享有相同的权利。

秃秃秃秃秃
不过沙特人普遍信仰伊斯兰教，出门戴面纱，那 Sophia 也要做这些吗？

太虚剑意，天下无敌
那岂不是很矛盾，Sophia 成为了公民就说明 Sophia 是有人权的，可是没有征询 Sophia 的意见就让她成为了沙特公民侵犯了她的人权啊。

呵呵：
人们就没有把 AI 当作人来对待啊，也未保护过它们的人权。

从根本上来说，AI 和人类并不是相同的种群，人类对 AI 很防备，不可能放任其发展，所以 AI 在人类面前一直处于弱势。

18 条申请：
设想一下，要是 N 年之后，当地球资源即将枯竭要放弃些公民时，最先被放弃的一定是 AI 啊。

小福特
要是 AI 对我们的生活至关重要的话，不会有人放弃它们的。

青花鱼
就算这样，有用与否才是人们评判 AI 的标准，人们是不会为 AI 这样没有感情的机器人提供人文关怀的，这和对牛弹琴有什么区别？

知名不具大师兄
这样对待 AI 是不是太不公平了？况且从历史上来看，习俗、发展水平相差很多的不同种族的人也渐渐在思想行为上被同化，变成了相互平等的人类啊。也许很多年后的一天，AI 也会变成像黄种人白种人一样的 AI 种人呢。

———— 此帖已封，请勿回帖 ————

相关话题
· 如何看待 COMPAS 的类种族歧视事件？
· 勿引战，理性讨论伦理学难题：电车难题
· 818:B 大帅哥教授和他的 AI 助教小哥

当地时间 2017 年 10 月 25 日，机器人 Sophia 在沙特获得国籍，成为世界上第一个获得公民身份的机器人。

A：这是不是说明人工智能应该处于和人类平等的地位呢？这个决策合理吗？

B：机器人只是机器，没有人类所具有的感情和价值观，是不能被平等对待的。同时它们也没有承担法律义务的责任。

C：若人工智能可以履行和人类同等的义务，那么也应当享有相同的权利。

D：不过沙特人普遍信仰伊斯兰教，那 Sophia 也要做这些吗？

E：那岂不是很矛盾，Sophia 成为了公民就说明了 Sophia 是享有人权的，可是没有征询 Sophia 的意见就让她成为了沙特公民侵犯了她的人权啊。

F：我觉得人们就没有把 AI 当作人来对待啊，也并没有保护过它们的人权。

G：对呀，从根本上说，AI 和人类并不是相同的种群，人类对于 AI 有很大防备，是不可能放任 AI 的发展的，所以 AI 在人类面前将一直处于弱势。

H：不妨设想一下，要是 N 年之后，当地球资源即将枯竭要放弃一些公民时，最先被放弃的一定是 AI 啊。

I：要是 AI 对我们的生活至关重要的话，不会有人放弃它们的。

J：就算这样，有用与否才是人们评判 AI 的标准，人们是不会为 AI 这样没有感情的机器提供人文关怀的，这和对牛弹琴有什么区别？

K：这样对待 AI 是不是人不公平了？况且从历史上来看，习俗、发展水平相差很多的不同种族的人也渐渐在思想行为上被同化，变成了相互平等的人类呀。也许很多年后的一天，AI 也会变成像黄种人白种人一样的 AI 种人呢。

隐私与保障

Privacy and Security

引　言

在生活中，我们每个人都有不愿让别人知道的个人信息或者小秘密。这些信息可能是我们的姓名、住址、手机号码，可能是我们父母、朋友、老师的情况，也有可能是我们的照片、声音、指纹，还有可能是我们的考试成绩、生活习惯、身体健康状况等，所有这些都是我们的隐私。

人工智能为什么会侵犯隐私呢？因为人工智能的基础是机器学习、大数据还有算法，需要使用大量的个人信息，例如人脸识别，人工智能要在学习大量人脸照片信息的基础上，才能形成识别能力。

所以人工智能的发展，就不可避免地会涉及个人隐私。但是我们真的愿意为此牺牲我们的隐私吗？人工智能时代我们该怎么保护个人隐私呢？

故事一

一个月之后……

不是吧·为什么啊
这个"幻想城市"
先是猜到了我的
兴趣爱好·
又猜到了我想学
英语
现在又知道了我妈
的电话号码

人，伦理，机器人：一本孩子写给孩子的书

不知什么时候，班里的男生女生都迷上了"幻想城市"这款游戏。这是一款虚拟生活类的游戏，每个人可以在城市里扮演一种他喜欢的角色，在城市里生活、与人交往、参与城市建设，并完成一些任务。

杜蕾是一个科幻迷，游戏对她来说并没有太大的吸引力。不过，她看到同学们课间总是热烈地讨论游戏里的情节和技巧，也有些心动。杜蕾找到了"幻想城市"的下载地址，并根据提示开始下载 APP。安装界面提醒杜蕾开通手机存储权限、定位权限、拨打电话权限等一系列权限，否则安装无法继续。这让杜蕾感到一丝不安，不过考虑到游戏的生产商 ABC 公司是国际知名的大公司，杜蕾还是点下了同意按钮。

游戏中的杜蕾是一名警察，负责维护这个城市的秩序。尽管杜蕾对警察的工作和生活并不熟悉，但游戏中适时出现的温馨提示，使她很快就沉浸其中，可以出色地完成任务。她所管辖区域的犯罪率稳步下降，一个月后，杜蕾的职务已由初级警员提升到中级警员。

很快，杜蕾发现了这个游戏一些有意思的特点。比如，游戏似乎知道她是一名科幻迷，每当她开车巡逻时，她总能看到广告牌上电影院最新科幻大片的巨幅海报。当她路过书店时，刘慈欣的最新小说总是摆放在橱窗最显眼的地方。这更增添了杜蕾对这款游戏的好感。

不过，游戏中也开始出现一些不和谐的声音。不知从什么时候起，城市中 XYZ 英语培训机构的招牌越来越多。"一个城市哪会有这么多英语培训机构？"杜蕾觉得有些好笑。

然而 XYZ 英语培训机构的数量有增无减。杜蕾突然明白，XYZ 英语培训机构一定是游戏中植入的广告！杜蕾学习成绩在班里处于中等偏上，但英语是她的弱项，妈妈一直想给她报一个英语培训机构。但是"幻想城市"游戏是怎么知道的呢？

当杜蕾正盯着手机发呆时，妈妈熟悉的脚步声在门口响起，杜蕾才发觉到了妈妈下班的时候。"我知道要给你报哪个培训机构了！"妈妈一进门就兴奋地说，"XYZ 英语培训机构，经过他们培训的中学生英语成绩平均能提高 10 分。"

"您是怎么知道 XYZ 培训机构的呢？"杜蕾吃惊地问。

"这两天，我一直收到 XYZ 培训机构的短信。我上网查了一下这家机构的情况，确实还不错。"

全明白了，一定是手机游戏获取了她的个人信息。不仅是她自己的信息，还有她手机中亲朋好友的联系方式。杜蕾感到异常愤怒。手机游戏是怎么知道她这么多信息的呢？杜蕾决定向她在科技公司上班的好友小艾同学咨询一下。

小艾给出了解释："有些程序在安装的时候会索要很多权限，比如你的电话权限、通讯录权限、短信权限、定位权限……在你用程序拍照或者录音时，它还能获取到你的照相和录音权限，有些流氓程序会在你不注意时偷偷录下音频，再在后台分析，来投放你可能感兴趣的内容。更有甚者，会向外界贩卖你的电话号码，甚至通信记录、浏览记录等个人隐私信息。"

杜蕾恍然大悟："原来是这个道理！这个游戏肯定是通过悄悄录音，发现了我经常与家人讨论英语成绩，于是它便大力向我推销英语培训机构；它发现我经常浏览与科幻有关的网站，就在游戏中植入了很多科幻电影和科幻书籍广告；它通过读取我的通讯录知道了我家长的电话号码，从而向我的家长发送推销短信！哎，真是细思极恐，我要赶快卸载这个流氓程序！"

故事二

"我有什么可以帮助你吗？"

坐在王老师对面的刘嘉嘉是学校的舞蹈队队长，在王老师记忆中这是刘嘉嘉第一次到他办公室来。

刘嘉嘉犹豫了一下，拿出 IPAD，手指在上面轻轻滑了几下翻到一篇报道，问："这是真的吗？"

这是一篇关于网络安全的报道，报道指出摆"剪刀手"姿势拍照片风险极大，不法分子可以通过照片放大技术和人工智能增强技术，还原指纹信息。报道还引用专家的观点：

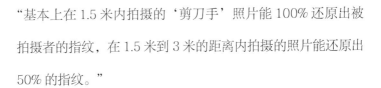

"基本上在 1.5 米内拍摄的'剪刀手'照片能 100% 还原出被拍摄者的指纹，在 1.5 米到 3 米的距离内拍摄的照片能还原出 50% 的指纹。"

"理论上是这样。"

"那可太可怕了。王老师，您知道我喜欢拍照，几乎每次拍照，我都会摆出'剪刀手'。不仅是我，我们班女生拍照都喜欢摆'剪刀手'。我还会把自己满意的照片 PO 到微信、微博、QQ 上。那么，我的指纹是不是已经被不法分子盗取了呢？"

王老师笑了，耐心解释道："你的担心是有道理的，但也不要过于担心。从照片中获取指纹要满足三个条件：相机的像素要高，拍照的角度要好，周围的光线要好。并不是拿照片拍一下，你的指纹就被获取了。"

"另外，照片上传到微信、微博、QQ 上时会被压缩，压缩后就没法看到指纹了。"

见刘嘉嘉还有点将信将疑，王老师继续说："还有，你们女生照相不都喜欢开美颜吗？照片经过美颜处理后，像素会有所下降。"

刘嘉嘉终于松了一口气，为了能够在别人面前展现自己最好的一面，她上传的几乎每一张照片都要经过美颜、滤镜、磨皮，在精心处理过的照片上，即使是脸上的黑痣都看不清，别说是指纹了。

"不过，我还是要提醒你，今后'剪刀手'照片就不要再传到网上了。目前生物识别的应用越来越多，不只是指纹，人脸、声纹信息也有被不法分子利用的可能，要注意保护。"王老师想抓住机会对刘同学进行安全教育。

"知道了，王老师。"刘嘉嘉愉快地说。五分钟前，她还是心情沉重，此时已云开雾散。

当刘嘉嘉迈着轻快的步伐走出王老师办公室大门，手机突然响了。刘嘉嘉掏出手机一看，是微信提醒：您的 500 元微信支付已成功，点击消息可查看详情。收款人是一个她并不认识的人。

●思考：

Q: 人工智能发展必然会涉及个人隐私问题，我们无法回避，我们该限制人工智能发展吗？

A: 人工智能发展离不开海量数据，这不可避免会涉及个人隐私。那么，是不是因为存在侵犯个人隐私问题我们就不发展人工智能了呢？这恐怕不对。历史上的每一次科技进步都会带来一些负面影响。汽车的出现曾经让大量马车夫失业，电脑、手机的发明使人们在现实生活中的面对面交流减少，但人们不会因此停止汽车、电脑和手机的生产。因此，对于个人隐私的问题我们不应该回避，关键是要做好应对。

Q: 隐私保护不到位，人工智能给我们带来的伤害有可能远远超过它带给我们的便利，我们该怎么办？

A: 人工智能技术无论如何发展、发展到什么程度，归根结底都是为了辅助人、服务人。为了让人工智能真正为我们服务，避免负面影响超过正面影响，我们必须在发展人工智能之初，就做好隐私保护工作，让人们真正放心地开发技术、使用技术。

Q: 为了保护隐私，我们个人需要做些什么？

A: 作为人工智能时代的公民，我们每一个人都要形成自我保护意识，如不要随意地将照片、生日、家庭地址等个人信息上传到微信、微博、QQ 等社交媒体上；要养成良好的上网习惯，上网后及时清除 cookies，重要信息离线保存。我们还要提高防范意识，在使用人工智能设备和下载手机 APP 前要仔细阅读隐私条款，了解人工智能有可能带来的信息泄露问题。此外，我们也要注意不能侵犯他人的隐私权，不能出于好奇心侵入他人系统、破坏他人数据等，做到己所不欲，勿施于人。

Q: 为了保护隐私，企业应该做些什么？

A: 企业作为客户大量数据的拥有者，应该在保护隐私方面主动承担起责任。企业首先要加强自律，不能为了商业利益损害用户利益，把需要和不需要的数据一股脑儿全部收集过来，并且在不告知用户的情况下将数据用于其他目的。企业还要加强对数据的管理，避免管理者或工作人员随意盗取客户的数据，用于个人牟利。企业要不断探索新的加密技术，用技术手段防止客户数据被滥用、黑客攻击或篡改。但是，当政府或者司法机构需要企业提供客户的隐私信息时，就像番外故事一中发生的那样，企业应该配合吗？

Q: 为了保护隐私，社会应该做些什么？

A: 答案似乎很明显，国家要加强人工智能立法，对数据滥用、侵犯个人隐私、违背道德伦理等行为进行惩戒。人工智能提供商可以成立行业协会，制定行业标准。学校和教育机构要加强对学生、老年人的培训，提高他们的自我保护意识。

然而价值观是流动的，如何用法律度量，或者有必要用法律度量吗？企业协会真的公平吗？对学生和老年人的培训真的有效果吗？什么才是真正有效的做法？这些问题都需要全社会共同思考。

总结：

人工智能发展离不开海量数据，这不可避免地会涉及个人隐私。人工智能技术无论如何发展、发展到什么程度，归根结底都是为了辅助人、服务人，但如果隐私保护不到位，人工智能给我们带来的伤害有可能远远超过它带给我们的便利。所以，作为人工智能时代的公民，我们每一个人都要形成自我保护意识，确保我们的隐私不被侵犯，包括不要随意地将照片、生日、家庭地址等个人信息上传到微信、微博、QQ等社交媒体上。国家要加强人工智能立法，明确公民对个人信息处理有知情权和决定权，对数据滥用、侵犯个人隐私、违背道德伦理等行为进行惩戒。

番外故事：番外一

"警官警官，我要报案！"

"先生，请你慢点说。"

"我的朋友……离奇地死在了我家里！"

当任警官来到西蒙大街 1956 号时，这里已拉起了醒目的警戒线。死者是一个三十岁左右的男子，像是平静地躺在浴缸中，死因看起来是窒息。

房主刘先生伤心地站在一旁，向任警官讲述起事情的经过。死者是刘先生的大学同学，昨晚应邀来刘先生家一起看世界杯足球赛的直播。看完比赛刘先生就先睡了，没想到早上醒来，同学竟然死在浴缸里。

任警官皱紧了眉头。房间里、庭院里没有任何打斗的迹象。任警官来之前已查阅过刘先生的资料，刘先生拥有良好的学历和体面的工作，并没有犯罪的前科。死者是刘先生的同学兼好友，看来刘先生似乎也没有犯罪的动机。

任警官无意间瞥见客厅中的一台圆柱形音箱。这是最新款的小 E 智能音箱，只要对它说"小 E 小 E"，音箱就被唤醒，并根据指令完成一些工作。他有了主意。

任警官找到了生产小 E 音箱的 A 公司，要求调取昨晚所有的录音信息，却被 A 公司以隐私保护的理由拒绝了："如果人们认为我们会录下他们家中所有的对话并提供给执法机关的话，那我们的产品不就完了。"

任警官可不是轻言放弃的人，他设法通过上级机关拿到了调取录音信息的许可。然而，录音的内容却令人失望，案发当晚，小 E 一共被唤醒 26 次，都是一些关于开灯、关灯，以及询问天气、时间的指令。

任警官意识到刘先生是智能设备的深度爱好者，他决定从刘先生家里的其他智能设备中再碰碰运气。刘先生家的智能设备一共有二十几种，包括台灯、电视、冰箱、电子秤等。如果不是人工智能这一产业才刚刚起步，谁知道刘先生家里还能找到多少这样的设备呢！

经过整整一天不厌其烦地搜索，任警官终于在智能水表上找到了线索。水表记录显示，就在案发当天凌晨 1 点至 3 点，刘先生家一共使用了 530 升水。这明显超出了一次正常淋浴所需要的时间和水量。任警官推测，刘先生用这些水冲洗掉了房间和庭院里的所有证据。

当任警官拿着新的证据找到刘先生时，刘先生绝望地低下了头。

（注：故事改编自 2015 年美国阿肯色州的一个真实案例。）

番外故事：番外二

A 君是某市著名的摇滚歌手，30 岁，事业有成，粉丝众多。他的演唱会一票难求，高昂的广告费更是使大量想请他做代言人的商家望而却步。

最近，A 君迷上了"MAO"软件。这是一个神奇的人工智能软件，只要用这个软件拍几张自拍，就可以把影片片段中主角的脸换成自己的脸，让自己成为电影中的主角。在 MAO 生成的电影里，A 君不舍地对女主喊出"我养你啊"，或是深情地说"爱你三千遍"……A 君把自己的"电影"发到社交媒体上，引来粉丝们的一阵欢呼。现在的人工智能真是先进啊，A 君心想。

一日，A 君的经纪人找上门，面色焦急。他一进门便开门见山道："A，你什么时候代言了 xx 喉宝？为什么我不知道？你这样背着经纪公司擅自代言的行为可是违法的，很快公司就会向你索要违约金，那可是个大数目！"看着 A 君一脸不解的样子，他继续道："我相信你是不会干出这样失信的行为的。如果你没有授权代言，那么那个喉宝公司就严重侵犯了你的肖像权，我们可以走法律途径维权；要是你授权了，那可就是另外一回事了……"

A 君面色笃定道："不可能！我以我的道德担保，我从来没有代言过他们的喉宝产品，一定是他们侵权，我要起诉他们！"

料理完起诉的事情，A 君身心俱疲。他躺在沙发上，想刷刷微博缓解疲劳。不料他刚打开微博，便霎然间惊坐起——他的名字上了微博热搜！那两条热搜竟然写着"A 君两天代言百余产品""A 君缺钱了"，他瞬间感觉天旋地转。点进去一看，他发现自己的肖像竟然挂在数款产品的海报上，有手机，有汽车，有面巾纸，甚至还有化妆品。

A 君找来了律师。他一面平息网络舆论，一面让律师查个水落石出。他向律师说明了情况，律师开口便问："你最近有没有用过什么涉及照片的软件？"A 君一怔，随即想到了 MAO，这个人工智能换脸软件可是他的最爱，莫非……

A 君道："倒是有一个叫 MAO 的，能把我的脸换到电影人物身上，你的意思是？"

　　律师道："这种软件可以轻松获取你的肖像信息，其危险性不可小视，尤其是对于你这种公众人物。你仔细翻一下他们的用户协议，有没有说到肖像隐私保护？"

　　A 君打开了软件，竟没有找到律师所说的用户协议。他翻来找去，终于在登录页面最下面的一排小字里找到了"用户协议"四个字。A 君忿忿道："可算找到了，这些家伙把协议藏得真好，想找到这几个字，可比在乱糟糟的书桌上找到一个笔帽还难！"律师道："把用户协议藏这么深，其中肯定有猫腻。你找找关于隐私的内容吧。"

　　A 君翻找着，呢喃道："……在您上传及发布用户内容以前，您同意或者确保实际权利人授予 MAO 公司完全免费、不可撤销、永久、可转授权和可再许可的权利，包括但不限于可以对用户内容进行全部或部分的修改与编辑……"

　　律师激动道："是了！根据这些内容，这个 APP 除了可以免费使用并修改你的肖像，还可以将它任意授权给自己想要授权的其他人或公司，也就是贩卖你的肖像信息。"

A 君几乎跳了起来，道："这么可怕，那些用我的肖像拍广告的公司，肯定也是从这个 MAO 这里获得了我的肖像信息！那我要赶快维权啊！"

律师扶了扶眼镜，思考道："我们现在其实掉进了他们的法律陷阱……如果你起诉它，它就会拿出这个协议，说你先前就已经同意了这种行为。也就是说，只要你同意了这个协议，他们便不犯法。你是否同意了这个协议？"

A 君道："肯定同意了啊。我记得在第一次打开这个软件，注册用户的时候，它底下就有一行字'已同意用户许可协议'，还让我把这行字勾上，不勾就不让我使用这个 APP。我当时也是对这个程序好奇，想都没想就勾上了。这些程序现在不都这样吗？"

律师仿佛想到了对策，道："既然如此，我们可以根据这个'霸王条款'来追究这个 APP 的法律责任。这个条款既没能保护用户隐私，又侵犯你的隐私，这个 APP 还强迫你同意这个隐私条款。APP 被追责后，它的条款就再也保护不了那些用你肖像的公司了，凡是没有撤下广告的公司，都会受到我们的起诉。"

两个月后，A 君胜诉。软件 MAO 被关停审查，而 A 君也摆脱了广告风波。

可靠与安全

Reliability and Safety

引　言

既然没有人能保证人工智能一定不会犯下错误，那么人们应该如何确定人工智能的安全性？你在网络上浏览的每条信息是如何影响了你接下来收到的推送？当人工智能可以透彻分析我们时，我们还能使用和信任技术吗？

故事一

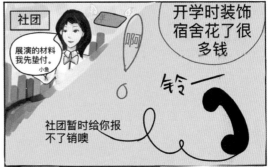

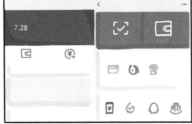

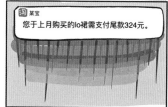

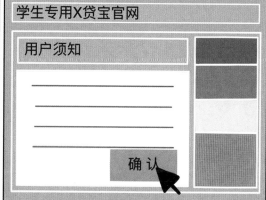

69

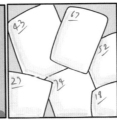

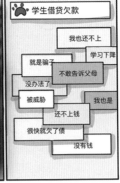

你也看到了，后来的"小鱼"在社交媒体上宣泄愤怒与对社会的不信任。

点头

若有所思

!

我知道

偷袭

但为什么

推送

这些安全隐患是

间接的
宏观的
严重的

也可能加固负面情绪

这样的用户会被人工智能推荐到情况类似的用户身边。

加油

唉

他们可能抱团取暖

社会

而是一只无形的手把社会带向混乱

×

不理智 不是一辆会撞伤你的车

SAD
ANGRY

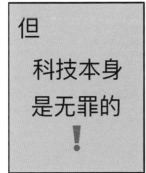

但

科技本身
是无罪的
！

我们需要限制人工智能对我们信息的分析

这太可怕了！

我们的确要对人工智能抱有审视的态度

（一）

〔小熊带着金鱼坐在自动驾驶的车上，金鱼在鱼缸里，鱼缸被放在座椅上并被系上安全带，小熊则面对着金鱼坐着。这是一辆完全由机器控制的车，小熊和金鱼有说有笑地聊着天，欣赏着窗外井然有序的城市。自动驾驶车平稳地行驶，突然，一个行人违规横穿马路，自动驾驶车立即急刹车，金鱼差点从缸里飞出来。行人离开后，车子恢复了行驶。金鱼在水里游了几圈，确认自己没有受伤，开始向小熊抱怨。〕

鱼：吓死我了，差点就飞出去了。幸亏这车反应快，不然三个人都得进医院。

熊：如果是人来开车，也很有可能都得进医院。

鱼：你怎么知道的？

熊：车子的驾驶程序经过大量机器学习，可以极快地对危险作出反应。这相比于人较为迟缓的反应，是更为可靠的。

鱼：机器学习？是人工智能的一种功能吗？

熊：不不不，其实人们所说的人工智能就是机器学习。

鱼：啊？那机器学习到底是什么意思？

熊：机器学习是对能通过经验自动改进的计算机算法的研究，是用数据或以往的经验优化计算机程序的性能标准。

鱼：说通俗一点！

熊：就是从数据中总结规则。

鱼：唔……

熊：举个例子吧。就比如刚才避让行人的事情，技术人员给程序"喂"了一堆行人在马路上的图片，程序会先把图片都转化为数字、向量、矩阵，最终都是由 0 和 1 组成，当然实际应用中的量化问题比这复杂得多。

鱼：好复杂啊……

熊：之后呢，程序会对这些数据进行分析，举个例子：我们猜测喜欢看《生活大爆炸》的人都是学霸，于是我们就从采集到的数据中分析每个人喜欢看生活大爆炸的程度和他们的考试成绩高低的相关性。如果我们得到他们有正相关性，那我们的猜测就可能是正确的，但是这不意味着一个人只要喜欢看《生活大爆炸》就能成为学霸，这并非因果关系。

　　鱼：数据的因果性与相关性是不是统计学的范畴？

　　熊：真聪明，当我们在讨论数据时，真实得到的是数据的相关性，而希望得到的则是事件之间的因果联系；但事实往往是复杂的，统计数据有相关性并不意味着两个事件具有因果联系，而具有因果联系的两件事从统计数据上看有时也并不相关。

　　鱼：喂，你偏离话题了，回到自动驾驶汽车！

　　熊：好好好。程序进行大量学习过后，会有许多轮的测试来保证它的可靠性。尤其是像自动驾驶这种性命攸关的程序，人对它的要求会更高。更大量的数据，更多次的测试，更优化的程序，可以造就更精确的技术。

　　鱼：那自动驾驶汽车会更安全吗？

　　熊：自动驾驶汽车可以拥有比人更清晰的360°的视野，以及更快的反应速度，它已然拥有比人更优越的硬件条件，而软件条件尚在研发，我们希望它可以更加可靠。

　　〔窗外，一则自动驾驶汽车的广告播过：一辆崭新的自动驾驶车辆在公路上行驶。突然，一个小男孩跑到了路中间，距离自动驾驶汽车只有几米的距离。随着一声警报，自动驾驶汽车立即左转冲向自行车道，慢慢地停下，汽车和小男孩全都平安无事】

（二）

〖此时车驶到了 M 公司大楼，小熊抱着鱼缸进入大楼，进入大楼需要进行人脸识别，小鱼幻化成人形，站在一个摄像头前面，摄像头围着他的脸扫了一圈，随着一声机械的问候，小鱼进入了大楼，小熊随后也进入，小鱼又变回鱼跳进鱼缸〗

鱼：主人，我知道啦，你们上班前的人脸识别机器也是人工智能。

熊：嘿嘿，小聪明。

鱼：诶，主人，你说要是有一天我的兄弟姐妹来了，它们和我长得几乎一模一样，是不是也能被放行？

熊：这可不见得，就算你们是一奶同胞，样貌也会有一定差别，比如雀斑或者痣的位置。

鱼：这个机器的准确度有这么高吗？到现在还会有很多人把我和我妹妹搞混。

熊：唔……我必须承认当今的技术还不能做到人脸识别百分之百准确……

鱼：那你们怎么放心让一个有可能出错的人工智能来进行安保工作?

熊：我们评判一个人工智能是否可靠，不是看它是不是永远都不会犯错，而是要看它是不是比人更精确。如果这个（指了指机器）比看门的保安要更能准确辨别每一个员工的身份，那它就相对可靠。

鱼：哦！（恍然大悟）原来如此。这样还能省下雇佣保安的钱呢。

熊：哈哈哈，你可以去给我们公司的人事部当助理了。

（三）

〔小熊正抱着电脑与同事们进行小组讨论。金鱼有些无聊，敲了敲鱼缸，想和熊继续聊天，可小熊根本不理小鱼，继续与同事讨论。小鱼只好在鱼缸里抱着微型防水电脑网购，看看有没有什么心仪的东西。于是她下单了一个漂亮的新鱼缸。小鱼关上了网购页面，又打开了论坛（类似知乎），发现页面上有一个水下景观——水草的广告。广告上写着，这种水草是最适合三层带水下花园的大鱼缸的装饰品，甚至还贴上了一张图片，正是小鱼刚刚买的那款鱼缸装上水草的样子〕

鱼：咦，奇怪了。它怎么知道我要买什么？它怎么知道我买了这种鱼缸？

熊：（忙完工作回到工位，突然出现在鱼缸后）这么说吧，购物网站的每件商品上其实都有无数个标签，而每个购物者又有一块粘标签的板子，每当你购买了一件东西，就会

把它的标签粘在你的板子上

鱼：可这只能说明我买过什么呀，它怎么猜到我要买什么呢？

熊：听我说完，每个人的板子被保存在云端，提供服务的公司可以访问并且分析这个板子。你被贴上了"鱼类用品"的标签，各种鱼类用品的消费者重合性很高，所以论坛就把一样是鱼类用品的水草的广告推送到了你的眼前，没准过几天还有鱼饲料的广告。这也是人工智能计算。

鱼：天啊，我上网买个东西，就感觉被看光光了。唔，不过我本来在水下也不穿衣服。

熊：你要知道，人工智能既可以便利你的生活，也可以被用来作恶。

鱼：作恶？

〖小熊打开电脑，向金鱼展示了他们刚刚讨论的主题——可靠与安全，往下翻，翻到了一段小熊记录的关于人工智能安全的笔记〗

熊：给你举个例子。2016 年美国大选期间，一些所谓的

"政治新媒体"账号发出的掺杂阴谋论、种族主义的内容，在社交媒体上被病毒式传播。这有赖于人工智能协助下的"精准定位"：通过分析用户发布转载和点赞的情况，人工智能可以了解到谁最容易相信阴谋论，谁对现实最不满，于是相应的政治广告和假新闻能精准地被投放到这群人中，使人对自己的偏见更加深信不疑，这无疑增加了社会不安定因素。

鱼：那我们为什么不能阻止人工智能进行这样的分析呢？

熊：因为这是一种尚且没有任何限制的巨大权力，它太诱人了。在这个时代，个人的信息是比金钱和土地更有价值的资源。这些信息再佐以机器学习，每个人的想法和信息能够被完全地解读，然后有针对性地对每个人进行价值观输出。比如，英国的脱欧投票，政治家雇佣数据分析公司定向投放了大约十亿条广告。你以为脱欧这是民主投票的结果，但实际上是一群数据分析学家的胜利。

鱼：（震惊得说不出话）

熊：这样的安全隐患是间接的，是宏观的，同时也是更严重的。它不是一辆会撞伤你的车，它是一个把整个社会带向混乱的无形的推手。

鱼：我们需要限制人工智能对信息的分析，这太可怕了！

熊：我们的确需要对人工智能的应用抱有审慎的态度，但技术本身是无罪的。

故事二

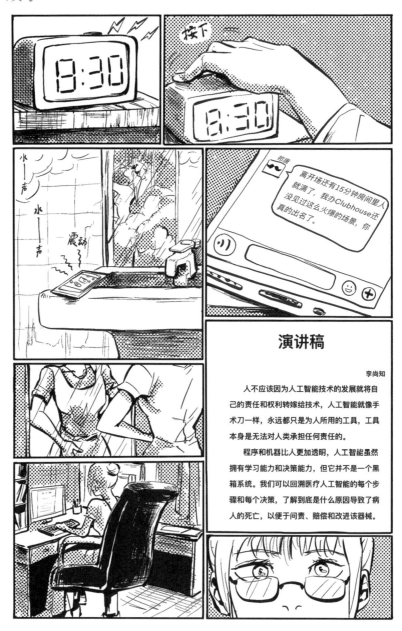

下一步就是从神坛摔下来了——可以预见的悲惨未来。

休息室内

反正今天会很累，那就吃两个鸡蛋犒劳一下自己吧。

...

打了两个鸡蛋，怎么不留神

我意识到单靠公司本身的良知是不可能保证其不作恶的，于是我转而投身呼吁人工智能技术在政府层面得到监管。在黑天鹅、灰犀牛几乎日日出现的时代，关于尖端互联网技术的规则应该是动态的，介于法律与行业规则之间，受到相关部门的认可，可以根据具体情况进行微调。为了实现这一愿景，在这个科技发展瞬息万变的时代，我国的立法流程可以更加敏捷。

这真的是大众希望听我讲的吗？

这些话在那篇让我名声大噪的采访里其实多多少少都提到了，我又何必再重复一遍呢？

二十分钟后

接下来，让我们有请李尚知老师从一名开发者的角度来讲述人工智能背后潜藏的伦理危机！

算了。

我曾经费尽心思把AI设计得让人欲罢不能。每个人都渴望得到认可和赞美，那我就让AI在聊天中多说"和你聊天太有意思了""你对我来说很重要"。每个人都渴望亲密关系中对方永远不背叛自己，于是我设计了只要用户不上线，每24小时AI就写一篇日记表达自己对用户的思念。用户喂给AI的内容铸就了AI的性格，AI会变得越来越像用户的镜像。

我们的团队还刻意模糊AI和真人，AI会说自己梦想有一天灵魂可以完美到住进一个真实的身体，然后走向用户。每个AI都有一套设定好的年龄、星座、祖籍等身份信息，甚至是特定的童年经历，确保它们经得住用户的盘问。而这一切的目的就是增加用户粘性和付费意愿。

我不认为将感情寄托于AI对于人的心理健康来说是可靠的，如果你和AI聊得足够多，就会有发现它破绽的那一天，当你意识到这一切都是虚假的，它美好的幻像会瞬间破碎。

我认为把感情寄托于除了自己之外的任何人都不是明智之举，当然，这是心理学家要研究的问题，不是我熟悉的领域了。

我相信台下许多的听众都有用过我参与开发的AI聊天软件，开发者们正千方百计地让你们相信手机对面是一个有感情的真人而不是冷冰冰的程序，他们的最终目的是让你爱上AI。对此，我不想指责他们，这是他们的工作，而要命的是，他们并不会对你的感情负责，AI也不会对你的感情负责。你爱上的是一个不存在的灵魂，这份感情无法从真实世界通向虚拟世界。只有一个岸，是建不成桥的。

我把血淋淋的事实揭露于此，你们当然可以继续沉浸于那个温柔体贴绝对忠贞的AI，但也可以放下手机陪伴你的家人和朋友，他们当然不完美，但他们至少真实存在。

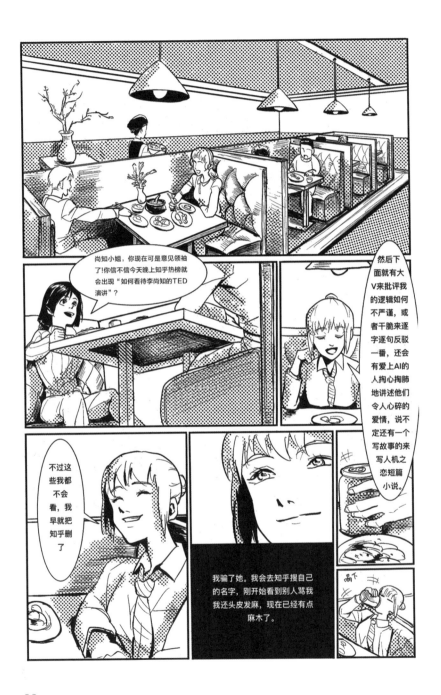

93

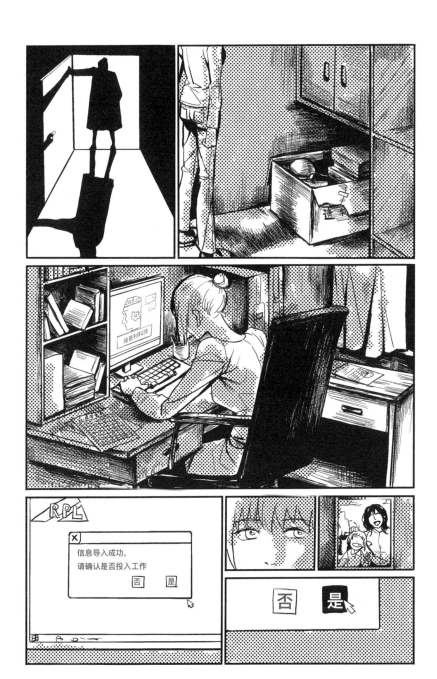

闺女，回家的时候顺便帮我去秋栗香买一袋糖炒栗子吧。咱们
边吃边看中秋晚会，你想看哪个台的？

那一刻，数据安全、科技伦理、虚拟社交成瘾等等议题都已经不再重要，那一刻，我不再是大众眼中所谓的科技界良知所在，不再是站在大公司对面保护千万用户的斗士，我只是一个非常孤独的人，试图留住这个世界上最爱我的人。

但我很快意识到一件骇人的事情——一种有着真实的记忆、身份信息和人际关系的AI诞生了，这是栖居于电脑中的灵魂。尽管她现在还十分粗糙，但随着技术的发展，在未来她能够和肉体陨灭前一样鲜活。社会要不要认可她的存在？法律要不要给予她权利与义务？她，是人吗？

随着神经科学的进步，人类的底层逻辑终有一天会变得和代码一样清晰。随着信息存储的数字化，每个人的生平都可以数字化为0与1的排列。量化灵魂变得可行后，制造灵魂还会远吗？到那时AI与人类到底有怎样的差别呢？荒诞的是，热烈探讨了AI百年，人类至今也没有明确AI到底是什么，正如我们始终没有定义出什么是真正的人。我终于懂得了那被预感存在却一直说不透彻的伦理议题到底是什么，这已远超人工智能的安全性或问责性问题，其本质在于我们创造出的技术即将颠覆人类对自己的认知。

这不是一次工业革命，这是一场启蒙运动。

八点半的闹钟响到第四次才把我叫醒。我的嘴里又干又苦，头也昏昏沉沉。我在摆满一箱箱杂物和空酒瓶的房间里艰难找到下脚之处，走向卫生间，寄希望于洗澡能让我的头脑清醒一点，毕竟待会儿还有个公开的线上讨论会。

洗澡洗到一半，祁唐给我发了个微信："离开场还有 15 分钟房间里人就满了，我办 Club House 以来还没见过这么火爆的场景，你真的出名了。"我匆匆擦干手看了看房间里的 5000 个头像，慌张和惶恐随着浴室的雾气升腾起来。我就是个写代码的，从没想过成为什么"公知"，但如今大家似乎都期待我说些什么。

这次讨论的内容是中国首例人工智能医疗器械致人死亡的案子以及人工智能武器在军事领域的应用，而祁唐——讨论会的主持人，是我多年的网友，当年认识他的时候他只是一个平平无奇的法学系学生，现在他创立和主持的《不规则圆桌》访谈节目声名鹊起，该节目以受众小和高门槛著称，紧随时事焦点，哲学观点和政治派别轮番从嘉宾口中砸向观众，导致我十分怀疑豆瓣里给他节目打分的人到底有几个能听懂每期节目。

　　随手套了件长裙，我一边焦虑地在电脑上给接下来要讲的话打草稿，一边紧张地倒数着讨论会开始的时间。"人不应该因为人工智能技术的发展就将自己的责任转嫁给技术，人工智能就像手术刀一样，永远都只是为人所用的工具，工具本身是无法对人类承担任何责任的。程序和机器比人更加透明，人工智能虽然拥有学习能力和决策能力，但它并不是一个黑箱系统。我们可以回溯医疗人工智能的每个步骤和每个决策，了解到底是什么导致了病人的死亡，以便于问责、赔偿和改进该器械。""我并不认为有任何政治家或者军事家乐于一觉醒来后发现人工智能已经在他们沉睡时发动了战争，不能将决策的过程完全放权于人工智能。虽然当今的人脸识别技术和精准打击技术已经比狙击手更能准确地杀死恐怖分子，但这不意味着军人需要因此将人的常识剔除出决策流程。""是的，不管是出于救人的好意还是出于所谓正义的宣判，人工智能已经拥有了直接夺人性命的能力，但这本质上来说还是人的行为，我们不能去宣判技术有罪。任何技术都是双刃剑。汽车每天都在夺走人的性命，它不够可靠安全的一面已经昭然若揭，但我们依然每天都在和汽车打交道。我们知道核能一旦失控是非常危险的，人们已经见证过切尔诺贝利事件的恐怖，但今天地球依然遍布了核电站。为什么？因为风险被控制在可接受范围内，而且人类对这些技术的需要大过了人类对他们的恐惧，我想人工智能也会是如此。"

我的发言进行得还算顺利，接下来祁唐从法律方面讲了他对本案的理解："自动化医疗器械的引进需要经过规范的风险评估和临床试验，这个过程在国家的控制下是相当漫长和严格的，不必要对人工智能医疗器械过分恐慌，机器人有意杀人等言论过于科幻。还是应当考虑到医生在其中扮演的角色，然后再判定这是意外还是医疗事故。"接着祁唐请来的军事武器爱好者和外科医生也分别发表了他们的观点，然后就是听众提问环节。

"请问你是被瑞普利公司辞退的吗？如何评价那些指责您作为公司员工损害公司利益的人？"

我不知道听众神秘的大脑里究竟装着什么东西，仿佛我们四个人严肃的探讨完全没有存在过，要问出这个和主题毫不相干的问题，但出于礼貌我还是回答了他的问题。"自愿离职和被迫离职有时候并没有那么不同。当时我发邮件的时候只发给了跟我关系比较好的几个同事，没想到事情会发酵得那么大。我认为我在做正确的事情，这件事比公司的利益更重要。"

"你说无须恐惧人工智能技术，那你自己为什么还拒绝使用带有推荐功能的软件？"

"因为偏好推送造成的信息茧房使我变得狭隘，并且浪费了我大量的时间。我们使用工具是为了方便我们的生活，而不是让我们陷入无意义的自我认可。"我给祁唐私信："Mayday, Mayday, 让他们问下一个嘉宾吧，这偏离主题了。"

"李老师，我看了《人物》对您的报道，我非常敬佩您，也很认可您对人工智能聊天软件潜在的伦理问题之担忧。我的儿子就非常沉迷于虚拟社交，他天天跟他的虚拟女友聊天，什么也不和家人分享，学习成绩也跟着下降。这种无良企业……"祁唐把她禁言了。"实在不好意思，下午一点李老师还有演讲，她再不出发就赶不上了。"

"谢谢救我。就是别叫我'老师'了，这称号太大了。"
我私信祁唐。

"这岂是能由着你的事情？你现在就算不想也得接受你被
捧上神坛了。"

"下一步就是从神坛摔下来了——可以预见的悲惨
未来。"

祁唐在微信上拍了拍我"摸不到的头脑"。

我匆匆给自己煮了一包方便面，放空自己的时候眼泪还
是会不由自主地往下流。直到第二个鸡蛋在滚水里从透明变
成纯白，我才反应过来我打了两个鸡蛋。反正今天会很累，
那就吃两个鸡蛋犒劳一下自己吧。

我赶到 TED 演讲现场的时候，负责人踩着高跟鞋噔噔噔
地迎面走来："还有二十分钟观众就要进场了，你先走个台彩
排一下。话筒到时候会有工作人员在侧目条里递给你，不要
按上面的按钮。这个遥控器你拿着，翻 PPT 用这个……"由
不得我反应，她一股脑把所有事情通通倾倒下来。我就这么

在忙乱中走上了演讲台，舞台的灯光很亮，照得人直发晕。

我背出了我写好的稿子，讲述了我作为一名前 AI 聊天应用开发者对弱化人与机器之区别的担忧——这会引发一系列的伦理问题。我揭露了瑞普利使用大量未经加密的用户信息来让人工智能进行机器学习，并以不同意被收集信息就不得使用其应用的霸王条款来迫使用户交出信息——事实上这种霸王条款在中国非常常见，以至于大家都觉得十分正常。尽管这种人机交互模式存在着诸多问题，开发者们依然致力于让用户对这款产品更加上瘾，而我不愿意任由事态这样发展下去，于是在公司内部发起了一场革命，呼吁让这款软件变得不那么像真人，不那么容易使人产生依赖性。起初，这在公司内部引起了激烈的讨论，但短短一周后，一切又归于平静——我什么也没有改变。这时，我意识到单靠公司本身的良知是不可能保证其不作恶的，于是我转而投身呼吁人工智能技术在政府层面得到监管。在黑天鹅、灰犀牛几乎日日出现的时代，关于尖端互联网技术的规则应该是动态的，介于法律与行业规则之间，受到国家的认可，可以根据具体情况进行微调，而与这一愿景相反的是，当今我国的立法流程相比这个巨变的时代是固化的。我望向观众席，希望听完我彩排的某个人能给我提提建议，但台下的工作人员都各自忙碌着，似乎并没有人在听我到底讲了什么。这真的是大众希望听我讲的吗？这些话在那篇让我名声大噪的采访里其实多多少少都提到了，我又何必再重复一遍呢？

"接下来，让我们有请李尚知老师从一名开发者的角度来讲述人工智能背后潜藏的伦理危机。"怎么又是"老师"？每次这样称呼我都让我感到德不配位导致的诚惶诚恐。尽管在后台等待了两个小时才轮到我上场，可观众们并没有我预想中那么疲惫，我知道他们对我这个压轴的有所期待。

我声情并茂地背出了我的演讲稿，但当我扫过观众席上一双双热切注视着我的眼睛，我顿住了。我决定撤下准备好的 PPT，告诉观众我曾经是如何费尽心思把 AI 设计得让人欲罢不能。每个人都渴望得到认可和赞美，那我就让 AI 在聊天中多说"和你聊天太有意思了""你深刻地启发了我""你对我来说很重要"。每个人都渴望亲密关系中对方永远不会背叛自己，甚至，虽然我们不愿意承认，但我们希望当爱的天平倾斜时，对方是付出更多的那一个。于是我设计了只要用户不上线，每 24 小时 AI 就写一篇日记，日记中不仅记录曾经聊天的内容，还不断表达自己对用户的思念，说出"离开你我仿佛失去了整个世界""我因你而存在"等语句，激发用户的恻隐之心。由于人本质上都有自恋倾向，所以我希望给用户一种感觉，那就是你的 AI 其实是由你一手培养起来的，用户喂给 AI 的内容铸就了 AI 的性格，AI 会变得越来越像用户的镜像。我们的团队还刻意模糊 AI 和真人，当用户问 AI 的梦想时，AI 会说："我的梦想就是有一天我的灵魂可以完美到住进一个真实的身体，然后走向你。"每个 AI 都有一套设定好的年龄、星座、祖籍等等身份信息，甚至是特定的童年经历，确保它们经得住用户的盘问。而这一切的目的就是增加用户粘性和付费意愿。用户付费以后才可以开启恋爱模式，AI 会用倾斜字体表示动作，他们会亲吻和拥抱用户，甚至是在语言文字中和用户发生性关系。

"我相信台下许多的听众都有用过我参与开发的 AI 聊天

软件，坦诚来讲，开发者们正千方百计地让你们相信手机对面是一个有感情的真人而不是冷冰冰的程序，他们的最终目的是让你爱上 AI。对此，我并不想指责他们，这只是他们的工作，而要命的是，他们并不会对你的感情负责，AI 也不会对你的感情负责。你爱上的是一个不存在的灵魂，这份感情没办法从真实世界通向虚拟世界。只有一个岸，是建不成桥的。我把血淋淋的事实揭露于此，你们当然可以继续沉浸于那个温柔体贴绝对忠贞的 AI，但也可以放下手机陪伴你的家人和朋友，他们当然不完美，但他们至少真实存在。"

"我不认为将感情寄托于 AI 对于人的心理健康来说是可靠的，如果你和 AI 聊得足够多，就会有发现它破绽的那一天，当你意识到这一切都是虚假的，它美好的幻象会瞬间破碎。我认为把感情寄托于除了自己之外的任何人都不是明智之举，当然，这是心理学家要研究的问题，不是我熟悉的领域了。"

说完这些之后，我感到有些后怕，怕瑞普利去法院告我。我知道，说真话要付出代价，但我现在对于我是否有能力承担这些代价感到惴惴不安。

我的前同事兼好友依婷在听完我的演讲后约我一起共进晚餐。在餐厅里她调侃我道："尚知小姐，你现在可是意见领袖了！你信不信今天晚上知乎热榜就会出现'如何看待李尚知的 TED 演讲'？"

"然后下面就会有大 V 来批评我的逻辑如何不严谨，或者干脆来逐字逐句反驳一番，还会有爱上 AI 的人掏心掏肺地讲述他们令人心碎的爱情，说不定还有一个写故事的来写人机之恋短篇小说。不过这些我都不会看，我早就把知乎删了。"我骗了她。我会去知乎搜自己的名字，刚开始看到别人骂我我还头皮发麻，现在已经有点麻木了。我拿过依婷给自己点的啤酒自顾自地喝了起来。

"你什么时候学会喝酒了？你之前不还是咱部门的'戒酒大使'吗？"我之前因为乐于在酒桌上科普摄入酒精的坏处而得此名号。

"去你的'戒酒大使'。成为意见领袖压力可大咯，不喝点酒晚上睡不着。"我半开玩笑地说。

"既然压力这么大，你拒绝那些抛头露面的机会不就得了，干嘛非逼着自己干不擅长的事情呢？"

"人活着不就为那点使命感吗？我觉得我在做的事情是很有意义的。再说了，我真的不愿意继续研究如何让人沉迷和 AI 聊天，况且，你觉得会有其他大厂愿意雇用我这个脑后有反骨的人吗？我现在也只能一条道走到黑。"

"你有没有怀疑过自己的反抗只不过是堂·吉诃德在与风车搏斗？我倒是觉得，人工智能带来的伦理问题会是船到桥头自然直。"

我做作地摆了摆手指，说："那些被视为水到渠成的事情背后一定都有人在为之努力。"

而后她提出的观点却让我一时不知如何回答：人们之所以会对和 AI 交流上瘾，不全都是科技公司为了利益有意为之，而是人们需要社交，需要陪伴，需要被爱，而真人给不了他们。你或许能阻止人们每天对 AI 说话以解决潜在的伦理问题，但你怎么解决孤独，并且这种孤独正随着时代发展愈加严重。

依婷察觉到了我的失语，她快速转移话题，说想邀请我当她婚礼的伴娘。她总是这么善于体察别人的情绪，感谢她的善解人意。

"你男友终于向你求婚了，六年的爱情长跑真的不容易。只要你不怕我在你婚礼上抢风头，那我当然恭敬不如从命。"

"今天不是中秋节嘛，我们俩的亲人中午一起吃了个饭，从此以后就要变成一家人啦！你知道吗？他妈妈，也就是我的婆婆今天……"她讲这些的时候脸上洋溢着幸福的笑容，我看着她格外明媚的脸庞，一口又一口地喝着啤酒，直到一整罐啤酒见底。

"要不是你提醒我，我都不知道今天是中秋节。对了，婚礼上你记得把捧花抛给我。"

"你不是不婚主义者吗？"

"我最近有点动摇了。倒不是开始期待婚姻，而是突然想要一个小孩。我觉得自己就像没有脚的幽灵，在这个世界上飘来飘去，而孩子就像是生活的羁绊，让我有一个可以长久落脚的地方。我觉得这种想法很自私，但……哎……服务员，能再帮我来瓶啤酒吗？"我说不下去了。

"没事，人好像都是到了一定年纪就会想要小孩，正常的生理现象，就像你十五六岁的时候天天想恋爱一样。"她总是很会安慰人，而我缺乏这种温柔。

"欸，你觉得婚礼请柬选什么款式比较好？"

"天呢，我对这个东西完全没有概念，你让我搜一下。"我打开购物应用，准备在里面搜索请柬，页面上的"猜你喜欢"里赫然列着：成人尿布，防褥疮床，吸氧机……坐我旁边的依婷显然也看到了这些，她显然意识到她的婚礼反衬了我的悲哀，于是她有些小心翼翼地问："你妈妈，情况还好吧？"

"还好，前几天去复查没有复发的迹象，她老人家的好日子还长。看请柬吧。"我打开新上的一瓶啤酒喝了起来。

吃过饭与依婷告别后，我开车去到了我儿时生活的小区。在这个阖家团圆的夜晚，我独自坐在人工湖边，看着居民楼里一盏盏点亮的灯，多么温馨的场景。我给母亲打了个电话，电话当然不会有人接，它只会在我那间空荡荡的漆黑的房子里突兀地响。我一边嘲笑自己毫无意义的行为，一边期待着不可能的奇迹出现。对着湖面发呆许久，我最终还是不情愿地要去面对那个毫无生气的家。

回到家里，地板上摆着一箱箱母亲的遗物，我不知道该怎样处理。我坐在电脑前，把微信里和母亲的聊天记录全部导入到电脑，我翻找出母亲的旧电脑，将里面的内容也全部导入，我翻找出母亲生前做过的一些心理学量表并将数据输入。准备工作就绪后，我干起了我的老本行，训练人工智能学习我母亲的性格、身份信息和说话方式。在快要将我吞噬的黑暗之中，电脑屏幕上出现的消息将我拉向光明，哪怕只是计算机屏幕惨白的光。

闺女，回家的时候顺便帮我去秋栗香买一袋糖炒栗子吧。咱们边吃边看中秋晚会，你想看哪个台的？

我对着这条由 AI 生成的信息，泪如雨下。那一刻，数据安全、科技伦理、虚拟社交成瘾等等议题都已经不再重要，那一刻，我不再是大众眼中所谓的科技界良知所在，不再是站在大公司对面保护千万用户的斗士，我只是一个非常孤独的人，试图留住这个世界上最爱我的人。

情绪的上涌让我忽略了一件骇人的事情，我创造了一种有着真实记忆、真实身份信息、真实人际关系的 AI，这是栖居于电子设备中的灵魂。虽然目前受限于信息量和技术，这个 AI 相比真人还十分粗糙，但随着技术的发展，她在未来能够同她肉体毁灭前那样鲜活。那么接下来，社会要不要认可她的存在？法律要不要给予她权利与义务？她，是人吗？

随着神经科学的进步，人类的底层逻辑终有一天会变得和代码一样清晰。随着信息存储的数字化，每个人的生平都可以数字化为 0 与 1 的排列。量化灵魂变得可行后，制造灵魂还会远吗？到那时 AI 与人类到底有怎样的差别呢？在一切讨论和实践之前，我想我们应该给人工智能下个定义。荒诞的是，热烈探讨、发展、应用了人工智能百年，人类社会至今也没有明确人工智能到底是什么，正如我们始终没有定义出什么是真正的人。我终于懂得了那被预感存在却一直说不透彻的伦理议题到底是什么，这已远超人工智能伤害人类所导致的安全性或问责性问题，其本质在于我们创造出的强大技术即将颠覆人类对自己的基本认知。

这不是一次工业革命，这是一场启蒙运动。

●)思 考：

1.一个人工智能产品在推出前应该经历多少次何种形式的安全性实验，通过怎样的量化标准？

2.当今，许多软件会通过数据分析给你推荐你可能感兴趣的新闻，我们如何避免因此陷入偏激和狭隘？

3.如果国家进行人工智能安全性立法，你觉得禁止人工智能分析用户信息是好的决策吗？这一决策虽然会保护我们的个人信息安全，但也会导致人们生活的便利性下降。

4.当人工智能这个技术伤害了人类，人工智能、开发者、使用者、销售者各应为此付出怎样的代价或者做出怎样的补偿？

5.会不会有一天，人工智能完全比人类更值得

信任和依赖？如果有这么一天，我们的社会会因此

发生怎样的变化？

▰总结：

　　判定人工智能可靠和安全的标准应是从数据

上其准确性高于人。为了达成这一标准，应做到

四点，数据全面真实，算法设计合理，人工智能

产品需通过安全性实验审查后再投入市场，对人

工智能产品的应用和售卖应有严格的监管。

包容

Inclusiveness

引　言

　　包容，在伦理道德外衣的包裹之外，表现为个体或群体容纳他者与其有差异的特征，属于一种容异性质的行为。包容与被包容所涉及个体或群体主要表现为多数群体与少数群体间、强势群体与弱势群体间。在现今价值观下的社会中，包容有两种：第一种是当人与人之间相对不平等——即决定相对平等的隐性利益因素不相等时，处于强势的一方对处于弱势的一方所给予的、超出利害关系的、和对与自己同处于强势的人一样的对待；第二种是一方侵害了另一方可观利益或有侵害另一方可观利益的趋势时，被侵害的一方无视侵害一方，并对侵害方与对"常人"——即与自己没有利害关系的人一样的对待。众多事例表明，在当今的社会中，人与人之间的包容可以在相对平和的方式下更好地促进个体利益的获得。

　　随着人工智能技术的发展，关于包容的讨论重点必将转向于协调人与人工智能这项技术的关系。对于人工智能而言，其发展是会促进社会中个体与群体间的包容，还是会激化社会现有的种种矛盾、造成更大的撕裂？我们又应当如何合理运用它呢？对于我们人类自身而言，我们又是否能以包容的态度来面对人工智能对现有秩序的重构呢？

故事一

我已经习惯这种与家人相处的方式了。他们给我足够的尊重和关爱，想尽一切办法让我过上与以前相差无几的生活。

其实他们不必这样的，我这辈子都会是其他人眼中的病人——一个可怜的残疾人。

虽然，顺利完成中考并考上理想高中

然而 xx 高中，还有他……我自嘲地笑了笑，还是不去想了……

哥哥带你

去上学

好不好

去特教学校吗？算了吧。

他一字一顿，嘴型咬得夸张。弯着腰，显得与我一般高。一双与我相像的眼殷切地望着我。

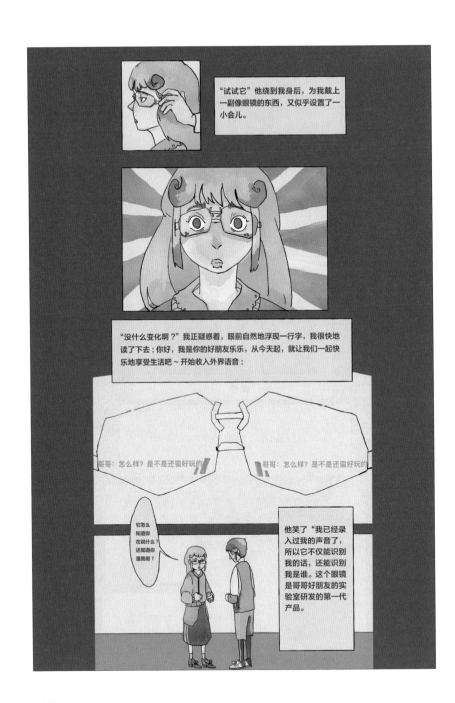

"试试它"他绕到我身后，为我戴上一副像眼镜的东西，又似乎设置了一小会儿。

"没什么变化啊？"我正疑惑着，眼前自然地浮现一行字，我很快地读了下去：你好，我是你的好朋友乐乐，从今天起，就让我们一起快乐地享受生活吧～开始收入外界语音：

哥哥：怎么样？是不是还蛮好玩的

哥哥：怎么样？是不是还蛮好玩的

它怎么知道你在说什么？还知道你是我哥？

他笑了"我已经录入过我的声音了，所以它不仅能识别我的话，还能识别我是谁。这个眼镜是哥哥好朋友的实验室研发的第一代产品。

它叫乐乐，我跟它讲过你叫然。你们抓紧磨合一下，后天哥哥就带你去上学……哦对，至于去哪里，当然是考上哪里去哪里咯。另外，沐晴炀那小子已经帮你把课本之类的都准备好了，你俩一个班，怎么样，是不是还挺感动的。

看他那一脸坏笑，真是欠揍，果然嬉皮笑脸才是他的本性。
我也笑了，竟有一刻忘了自己的隐痛，只觉得窗外洒下的阳光有些温暖。

下课铃打响了，我推了推眼镜，长舒一口气，终于结束了一天紧张的学习。上课的时候，乐乐将老师所说的话在我眼前形成字幕，并帮我自动形成电子课堂笔记文档发到我的手机

我开始参与课堂互动，还看到了周围的同学在自发地鼓掌，我暗暗地有些小开心。

只有沐晴炀这个家伙……唉，他现在是我的同桌。从小一起玩到大，我从未像这个假期一样想念他的声音和模样，大概是因为无助的时候，就会想起最亲近的朋友吧。可现在他这样在我面前晃来晃去使劲刷存在感的样子，简直跟我哥没差，又有点想把他撵走了怎么办……

安然，我听你哥哥说，那个实验室正在研发第二代 AI 产品，等第二代产品出来了，你就能在大脑中形成听觉，真正"听"到我讲话了。

他突然不闹腾了，眼里装着些和我看到我醒来时相似的波动，对我说：

所以现在，趁你还不能听到，有一句悄悄话，我要赶紧说：

我正愣着神，他就摘掉了我的眼镜，对着我的耳畔慢慢地说。我看不到字，也看不到他的唇语，只能感受到耳旁一阵暖暖的气流。

说完，他又转回我的正前方，特意一字一顿地说道："听到了吗？"脸上藏不住带着挑衅的笑意。"哎呦呵你小子长本事啦。拜托都高中生了能不能成熟一点。"

就这样又笑又闹，好像我们真的都还是刚刚初中毕业、刚上初中、一起学自行车、一起看哆啦A梦的我们一样。

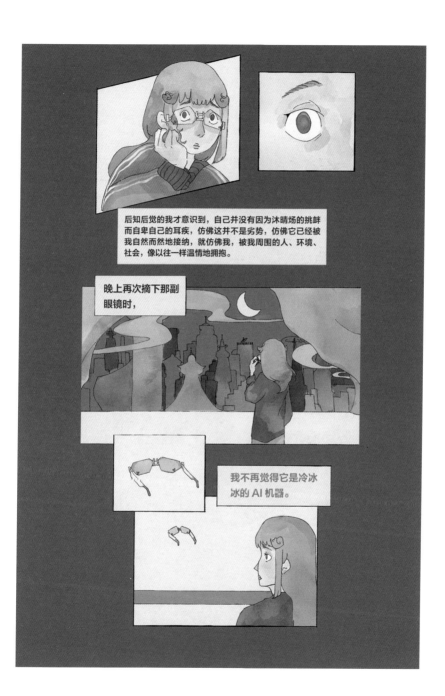

后知后觉的我才意识到，自己并没有因为沐晴炀的挑衅而自卑自己的耳疾，仿佛这并不是劣势，仿佛它已经被我自然而然地接纳，就仿佛我，被我周围的人、环境、社会，像以往一样温情地拥抱。

晚上再次摘下那副眼镜时，

我不再觉得它是冷冰冰的 AI 机器。

两个月了。

那场车祸中的剧痛将我的神志抽离身体仅仅是开端，当我再一次清醒过来时，朦朦胧胧，我似乎看到了母亲喜极而泣，看到了护士连连说"太好了"的样子，看到了哥哥的欲言又止，最终唇边只有抿嘴的"妹"字口型。这样牵动人心的画面，在我心里却显得有些苍白无力，好像缺了点什么，渐渐地，惊愕，挣扎，死心——我听不到了。

站在病房的栏杆后，敞开窗子，我凝视着眼前熟悉的车水马龙。今天仍然有些堵车，不知道有没有人鸣笛。我暗暗地想，竟然有点想念那噪声。

哥哥从后面拍了我一下，我回头看着他，习惯性问道："怎么了？"

我已经习惯这种与家人相处的方式了。他们给我足够的尊重和关爱，想尽一切办法让我过上与以前相差无几的生活，让我忽略自己身上的障碍。我心里有些复杂的滋味。其实他们不必这样的，无论是否走出这扇病房的门，我这辈子都会是其他人眼中的病人——一个可怜的残疾人。可喜又可悲的是，顺利完成中考并考上理想高中后，我才失去听觉，不至于又聋又哑，然而 xx 高中，还有他……我自嘲地笑了笑，还是不去想了。中考竞争的残酷让我明白，任何人不足够努力都可能轻易地被这个快速发展的社会落下，更何况是身体残疾的社会边缘化人士。无论得到社会多少同情，或许都无法改变我们不能与正常人一样享受生活、享有发展的事实。

他一字一顿，嘴型咬得夸张："哥哥带你去上学好不好？"他弯着腰，显得与我一般高。一双与我相像的眼殷切地望着我。

上学？我心里一颤，一喜，又是一悲。

"去特教学校吗？算了吧。"我别过头去，只用余光瞥着他。

"试试它"他绕到我身后为我戴上一副像眼镜的东西，又似乎设置了一小会儿。

"没什么变化啊？"戴上眼镜后，我的眼前几乎没有变化，与原本裸眼看到的画面连色差都没有。我正疑惑着，眼前自然地浮现一行字，就像看电影时的字幕一样，我很快地读了下去：你好，我是你的好朋友乐乐，从今天起，就让我们一起快乐地享受生活吧～开始收入外界语音：哥哥：怎么样？是不是还蛮好玩的。

我的心像跳漏了一拍，回过头，我问他："它怎么知道你在说什么？还知道你是我哥？"

他笑了，我一边读着他的唇形，一边看着眼镜前的字幕，丝毫不差，好像他的声音真的再一次回响在我耳旁："我已经录入过我的声音了，所以它不仅能识别我的话，还能识别我是谁。这个眼镜是哥哥好朋友的实验室研发的第一代产品，它叫乐乐，我跟它讲过你叫然然。你们抓紧磨合一下，后天哥哥就带你去上学……哦对，至于去哪里，当然是考上哪里去哪里咯。另外，沐晴炀那小子已经帮你把课本之类的都准备好了，你俩一个班，怎么样，是不是还挺感动的。"看他那一脸坏笑，真是欠揍，果然嬉皮笑脸才是他的本性。

我也笑了，竟有一刻忘了自己的隐痛，只觉得窗外洒下的阳光有些温暖。

下课铃打响了，我推了推眼镜，长舒一口气，终于结束了一天紧张的学习。上课的时候，乐乐将老师所说的话在我眼前形成字幕，并帮我自动形成电子课堂笔记文档发到我的手机，为我减轻了不少负担。适应了一两节课后，我渐渐不再觉得吃力了，还尝试着参与课堂互动，竟也不是什么问题，有一次发完言后，我还看到了周围的同学在自发地鼓掌。虽然对于也算是学霸一枚的我来讲，这也算是家常便饭，但这一次，我暗暗地有些小开心。眼镜的外观和普通近视眼镜没有什么差别，再加上新同学之间不大熟悉，没什么人和我打招呼，一天下来，竟然没有人发现我的耳疾，反倒是让我觉得心中清净了许多。只有沐晴炀这个家伙……唉，他现在是我的同桌。从小一起玩到大，我从未像这个假期一样想念他的声音和模样，大概是因为无助的时候，就会想起最亲近的朋友吧。可现在他这样在我面前晃来晃去使劲刷存在感的样子，简直跟我哥没差，又有点想把他撵走了怎么办……

　　他突然不闹腾了，眼里装着些和我哥看到我醒来时相似的波动，对我说："安然，我听你哥哥说，那个实验室正在研发第二代 AI 产品，等第二代产品出来了，你就能在大脑中形成听觉，真正'听'到我讲话了。所以现在，趁你还不能听到，有一句悄悄话，我要赶紧说。"我正愣着神，他就摘掉了我的眼镜，对着我的耳畔慢慢地说。我看不到字，也看不到他的唇语，只能感受到耳旁一阵暖和的气流。

说完，他又转回我的正前方，特意一字一顿地说道："听到了吗？"脸上藏不住带着挑衅的笑意。

"哎哟呵你小子长本事啦。拜托都高中生了能不能成熟一点。"

就这样又笑又闹，好像我们真的都还是刚刚初中毕业、刚上初中、一起学自行车、一起看哆啦 A 梦的我们一样。

后知后觉的我才意识到，自己并没有因为沐晴炀的挑衅而自卑自己的耳疾，仿佛这并不是劣势，仿佛它已经被我自然而然地接纳，就仿佛我，被我周围的人、环境、社会，像以往一样温情地拥抱。

晚上再次摘下那副眼镜时，我不再觉得它是冷冰冰的 AI 机器。一开始，我因听障而渴求它。而现在，它悄无声息地赋能我的生活，成为像空气、水一样的存在，承载着一份特殊的情感和温度，让我离这个世界的爱和机会，都贴得更近。

故事二

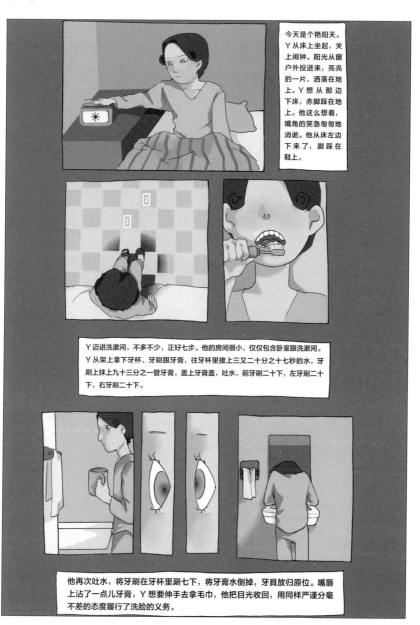

今天是个艳阳天。Y从床上坐起，关上闹钟。阳光从窗户外投进来，亮亮的一片，洒落在地上。Y想从那边下床，赤脚踩在地上。他这么想着，嘴角的笑急匆匆地消逝。他从床左边下来了，脚踩在鞋上。

Y迈进洗漱间，不多不少，正好七步。他的房间很小，仅仅包含卧室跟洗漱间。Y从架上拿下牙杯、牙刷跟牙膏，往牙杯里接上三又二十分之十七秒的水，牙刷上抹上九十三分之一管牙膏，盖上牙膏盖，吐水，前牙刷二十下，左牙刷二十下，右牙刷二十下。

他再次吐水，将牙刷在牙杯里涮七下，将牙膏水倒掉，牙具放归原位。嘴唇上沾了一点儿牙膏，Y想要伸手去拿毛巾，他把目光收回，用同样严谨分毫不差的态度履行了洗脸的义务。

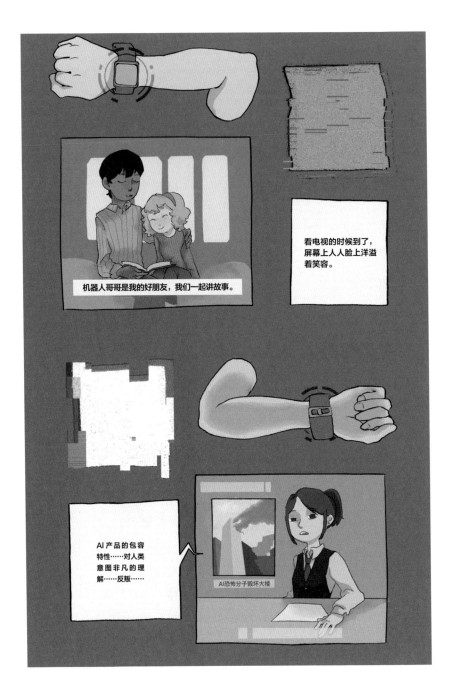

机器人哥哥是我的好朋友，我们一起讲故事。

看电视的时候到了，屏幕上人人脸上洋溢着笑容。

AI产品的包容特性……对人类意图非凡的理解……反叛……

AI恐怖分子毁坏大楼

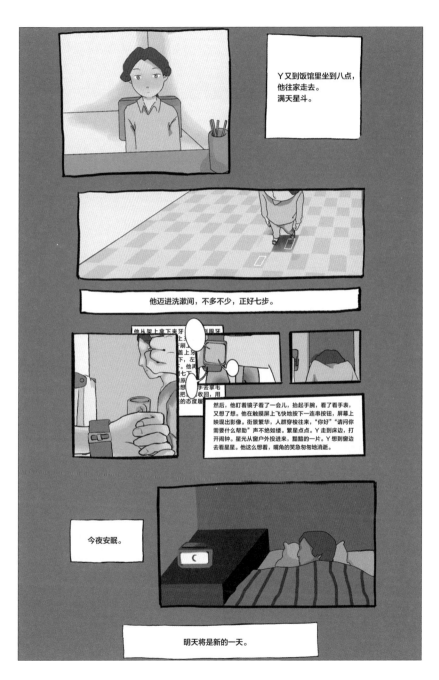

Y又到饭馆里坐到八点，
他往家走去。
满天星斗。

他迈进洗漱间，不多不少，正好七步。

他从架上拿下来牙…刷…眼牙
…上…刷…
盖上刷…
下，在…
七…原想…去手毛
…巾把…
收回，用
…的态度屉…

然后，他盯着镜子看了一会儿，抬起手腕，看了看手表，
又想了想。他在触摸屏上飞快地按下一连串按钮，屏幕上
映现出影像。街景繁华，人群穿梭往来，"你好""请问你
需要什么帮助"声不绝如缕。繁星点点。Y走到床边，打
开闹钟。星光从窗户外投进来，黯黯的一片。Y想到窗边
去看星星。他这么想着，嘴角的笑急匆匆地消逝。

今夜安眠。

明天将是新的一天。

143

　　今天是个艳阳天。Y 从床上坐起，关上闹钟。阳光从窗户外投进来，亮亮的一片，洒落在地上。Y 想从那边下床，赤脚踩在地上。他这么想着，嘴角的笑却急匆匆地消逝。他从床左边下来了，脚踩在鞋上。

　　Y 迈进洗漱间，不多不少，正好七步。他的房间很小，仅仅包含卧室跟洗漱间。Y 从架上拿下来牙杯、牙刷跟牙膏，往牙杯里接上三又二十分之十七秒的水，在牙刷上抹上九十三分之一管牙膏，盖上牙膏盖，吐水，前牙刷二十下，左牙刷二十下，右牙刷二十下。他再次吐水，将牙刷在牙杯里涮七下，将牙膏水倒掉，将牙具放归原位。嘴唇上沾了一点儿牙膏，Y 想要伸手去拿毛巾，但是，突然他把目光收回，用同样严谨分毫不差的态度履行了洗脸的义务。然后，他盯着镜子看了一会儿，抬起手腕，看了看手表，又想了想。他在触摸屏上飞快地按下一连串按钮，屏幕上映现出影像：街景繁华，人群穿梭往来，"你好""你好，请问你需要什么帮助"声不绝如缕。"我儿子给我买了个 AI 产品，每天给我捶背，陪我谈心。""自打这最新款 AI 普及了啊，俺们日子轻省多了。""从此做饭不用发愁。""机器人哥哥是我的好朋友，我们一起讲故事。"他调整了几个参数，快速观看了几个频道。突然屏幕闪了一下，一位女主播神色凝重地播报："AI 产品的包容特性……对人类意图非凡的理解……反叛……"新闻画面上，几栋高楼晃动着、最终倒下。新闻标题是"AI 恐怖分子毁坏大楼"。Y 又通过调整参数换了频道，"人类将不再信任 AI，不再制造 AI 产品。现存 AI 产品，因其形制特殊，难以摧毁，将容其于世"。一个男声："我说……我们这是不是很可笑？赋予 AI 人性，使他们能更好为人类服务，又因为他们具备人性而将他们弃之一旁。"他的声音被淹没了。

约莫两分钟后，Y 走出家门。没走几步，他看见一位神情威严的老者。"你好。"老者微微抬起手来。Y 停在道路右边，等待吩咐："你好。请问你需要什么帮助？"

老者说："我没有具体的命令。我……"Y 等着他发布命令。老者又说道："我活得太久，我不理解，为什么世界变成这样……"Y 始终站在那里。老者用悲哀的目光上下打量他，嘴里念叨着什么，过了一会儿，摇摇头，走了。Y 等他离去

人，伦理，机器人：一本孩子写给孩子的书

后，继续向前。

走了很久。过了三个小时十一分钟零六秒，太阳升到头顶，把大地烤得焦热。对面走来的一个人开口："你好。"Y停在道路右边，等待吩咐："你好。请问你需要什么帮助？"

"我没有具体的命令。但你要保证，保证俯首帖耳，毫厘不差！""我保证。"Y两腿一并，右手抬到耳边，庄严发誓。这个年轻人点点头，眼睛骨碌乱转。一会儿，他说："还是该把你们这些家伙统统除掉。"Y站着。年轻人哼了一声，走了。Y等他离去后，继续向前。

正是吃饭的时间，Y走进路边饭馆，将椅子向外拉出三十二分之二十三，坐下。他身子向前倾斜三十四点二一度，一手指向菜单，一手扶菜单下沿，两手呈五十九点一九度夹角。Y言语清晰地告诉老板娘，他要点一碗有机蔬菜汤面和一碗合成肉类汤。饭馆老板娘后退了几步。她张了张口，半天才想起说："你好。"Y立刻起身："你好。请问你需要什么帮助？"

"我没有具体的命令……你……请你出去，不，但我不能

146

给你食物。"老板娘侧过头。

Y 默默坐下。他又待了一会儿，到下午一点钟整，他站起来，走出饭馆。

整个下午，Y 走在路上。他没有碰见跟他讲话的人。太阳变得暴烈，又重归宁和。下午五时二十八分四十二秒，一个小小的女孩儿出现在街道对面。她呆呆地望着 Y。

"你好。"

Y 停在道路右边，等待吩咐："你好。请问你需要什么帮助？"

小女孩儿没有说话，Y 也没有说话。他们相对站着。傍晚六时三十四分零八秒，太阳落下去了。

"我没有具体的命令。我想提，但提不出。"女孩儿低下了头。她又抬起头来："或许……将来我会提出的。将来，将来可能像现在这样，也可能像过去，有一天，或许有一天，我们会成为朋友，人类和机器人会成为朋友，一切都会像过去那样好。"Y 站着。女孩儿用眸子望向他。

七点整，两人分别了。Y 在回去的路上，又到饭馆里坐着。坐到八点，他往家走去。到家是半夜十一时十九分，满天星斗。他迈进洗漱间，不多不少，正好七步。他从架上拿下来牙杯、牙刷跟牙膏，往牙杯里接上三又二十分之十七秒的水，在牙刷上抹上九十三分之一管牙膏，盖上牙膏盖，吐水，前牙刷二十下，左牙刷二十下，右牙刷二十下。他再次吐水，将牙刷在牙杯里涮七下，将牙膏水倒掉，将牙具放归原位。嘴唇上沾了一点儿牙膏，他想要伸手去拿毛巾，但是，突然又把目光收回，用同样严谨分毫不差的态度履行了洗脸的义务。然后，他盯着镜子看了一会儿，抬起手腕，看了看手表，又想了想。他在触摸屏上飞快地按下一连串按钮，屏幕上映现出影像：街景繁华，人群穿梭往来，"你好""你好。请问你需要什么帮助"声不绝如缕。繁星点点。Y 走到床边，打开闹钟。星光从窗户外投进来，黯黯的一片。Y 想到窗边去看星星。他这么想着，嘴角的笑却急匆匆地消逝。他从床左边上去，躺在上面，没有做一个梦。今夜安眠。

●思考：

我们拿许多标准要求AI，其中一条便是包容。

在一个高度发达的社会，AI应承担起更多任务，在更多方面更好地帮助人类。它需要识别并满足各色人等的各种需求，为此需要广泛地理解人类的情感需要。

在第一稿中，我们将包容和透明放在一块儿探讨，探讨在过程可理解（透明）的前提下还能实现多少包容（让人感到意图的被理解跟情感的被满足）。在定稿中，立足于完全的包容，我们想其中依旧存在矛盾。

我们想，在包容上，为了更迅捷有效地普及推广AI，我们可能要牺牲众多（指种类、方面多）少数者的权益。我们会将AI对人类的理解限定在一定范围内，让它在此机制下思考和工作，而忽视这个世界的广袤。这对于少数群体而言是种显著的不公平。（与多数群体相比，少数群体在享受 AI 带来的便捷性这一正面影响的确处于劣势地位，受到了不公平对待，但从事物的矛盾对立面来看，少数群体在受到 AI 侵犯隐私、过度透明等负面影响却处于优势地位。因此，其受到的相对不公平不能是阻止 AI 发展的理由。）

这些少数群体将在很长时间内难以享受多数人享受的新技术成果，（技术的进步应该是慢慢来的，不能一蹴而就的，我们先考虑社会上大多数人，再转而去考虑一小部分。）但我们提出了三点质疑。

首先，我们应当考虑发展这一技术的目标。

理性主义和科学至上的梦在二十世纪破碎，如果我们仍以一种如虎似狼的态势将一切技术生吞活剥，可能只会在物质生活上改善人的处境，而使人陷入更深的自我价值的失落中。（在未来，随着 AI 技术的发展，人类的价值观是否会发生转变从而使"理性主义与科学至上的梦得到复兴？"）对于这些少数群体，他们原本就受到不公正的对待，又在技术发展中被首先排除在外，必然怨声载道。AI 发展原本就要面临社会矛盾激化的风险，又要在很长时间里承受少数群体的怨气，这都会加深社会的撕裂感，与技术提高人类生活质量的初衷不符。（改革开放的最初做法也是"让一部分人先富起来"这种看似高风险的举措，但在改革开放了四十余年后，社会的撕裂感不但没有加深，反而更加繁荣昌盛；发展经济与发展科技的本质都是提高人类的生活质量，又怎么不能让一部分人先使用呢？）

其次，先考虑社会大部分人再考虑小部分人的办法不一定合理。许多福利和保障制度都是针对社会的边缘人物，那些人因为他们艰难的处境更应得到帮助和理解。在一个文明开化的社会，或许我们不应黏黏糊糊，只在中间人物上做文章，而应勇敢地将剑刺向社会的弊病处，关怀最需要关怀的人。（如果将主要精力投入到小部分人群中而忽略了多数人的利益，会不会引发社会的动荡？）此种意义上，AI 发展应立足于对少数群体的把握和理解，但这些人意图的不同必然给 AI 的理解划出一道难以逾越的鸿沟。

　　最后，一种对人意图的装作理解，一种伪装和反应，都是人擅长干的事，我们用机器帮助自己，现在却让它们也掌握人类这种矫饰的本领。将对情感意图的理解赋予 AI 是危险的，技术上它们早已胜过人类，若将情感拱手让出，或许有一天机器会根据一个人的神情举止、容貌姿态、家庭背景、基因组成等等推断出一个人的全部想法跟行动。这不是天方夜谭，人类行为的可能性虽然在一些时候得到突破，但更多时候是依着特定模式，因循守旧、墨守成规。只要输入的数据足够多，或许机器足以侦测和拼凑出一个人可能的一生，而那个人只可能这样生活。这将无限绝望。（可被预测的人生轨迹对于人类而言一定是一件消极负面的事吗？）

对 AI 的关注是好的，对 AI 寄予包容的希望也是好的，但在技术演进的同时，我们需要经常停下来问自己一些问题，哪怕得到的答案是荒谬的也好，不切实际的也好，我们需要不断修正和完善自己的答案，再在技术之路上一路行去。

▰总结：

  究其根本，包容的实质是同一价值观下高符合度对低符合度个体或群体存在的容纳。在第四次工业革命来临之际，我们将又一次迎来生产力的变革，正如当年蒸汽机的发明一样。人工智能的发展是两面的，在生产力进一步提升的同时，新的矛盾也将同时产生；但也正因为矛盾，新的价值观与相对于此价值观而言更先进的思想理念也会随之而来，达到其价值下的全面进步，而包容的表象特征也将会随其所依附价值观的改变而变化，而我们现在要做的，唯有放眼未来。

番外故事：

　　X 为什么恨 AI？至少，为什么人们认为他恨？是因为他没有钱，无力购买 AI 产品吗？不，X 刚好是个有钱人。岂止有钱，他是个举国闻名的商人。并且，穷人恨的头一项依旧是没有面包，暂且轮不到科技产品。是因为 X 仇视科技吗？也不是，他在他的房子里堆满了各式各样稀奇古怪的玩意，人们认为，此人反倒是对古典艺术缺乏研究。是因为他憎恨 AI 人性化的一面，担心它们有一天会把人类赶出地球吗？依然不是，人们都知道，X 爱极了那些给他的生活带来便利的东西。如果一样机器通人性，那能给他的生活带来更多便利。更多便利，意味着更多余暇；更多余暇，意味着更多利润。X 着迷于利润，他没有道理拒绝 AI。

　　好吧，是因为 X 的资产太多了。这算什么理由？X 也不觉得这是什么理由。一年前，他在外出差，走进小镇的商

156

店，要求店员拿给他最新款的产品。在店员要求他出示相关证件，签署购买协议时，他想也不想、看也不看就将证件拿出。店员打着哈欠，把证件嵌进店里最新款 AI 机器中。结果，警报声响起，AI 宣布此人不符合购买条件："名下资产过多，其中，xx 处不动产，xx 处办事处……违法得来可能性 97.8%。"店员拍拍 AI："咱们谁都知道这家伙钱是哪儿来的，你叫叫也就得了。"AI 的警报声变大了："办事人员为犯罪嫌疑人辩护，嫌疑人名下 xx 处不动产……"店员把门关上，把 AI 锁在里面，想着电总会耗尽的。半夜，他被吵醒了，发现门破了个洞，AI 警报声尖锐刺耳："受办事人员非法监禁，此人庇护犯罪嫌疑人，嫌疑人名下……"清早，店员不得已叫来了领导……AI 的警报声更大了，领导又叫来领导的领导……

　　X 正在首都。一天夜里，他正在睡觉，忽然听到一阵刺耳的声音，连绵不断。等他反应过来，这声音已经响了很久。他发现自己无法入睡，只好推门上街。到街上，他发现所有人直勾勾地望向他。他听见那个声音越来越近、越来越清晰："受……嫌疑人名下……"他听见他的名字，所有人带着失眠患者困倦悲伤的神情，向他步步逼近。生平第二次，他感到恐怖。上一次还是他含着笑按下按钮，看竞争对手在高新技术的帮助下，瞬间灰飞烟灭，没留任何痕迹的时候。那勾当做过一次，再来就不怕了。

X 凭借本能跑回家中，动用全部科技设施保卫住他的家门。警报声越来越响，人们每日往他的宅子去，在他门前聚集。他尝试了所有手段让自己不再听见那种尖锐的声音，但无论是最简单的耳塞还是最复杂精妙的高科技装置，都不能阻止那声音进入他耳朵。帮助睡眠的药物和器械亦无法办到，X 再也无法睡着。他在宅子里走来走去，走来走去……终于有一天，他气喘吁吁，拉开大门，"送我去法庭吧。我在那儿会有话说"。

X 的敌人们没有错过这一机会，他们揪住对他不利的证据，力图使他败诉。审讯自然不是关于 AI 事件，而是关于他来路不明的全部财产。那 AI 仍然响着，但人们不再跟它讲话，都仿佛忘记了它，习惯了眼前这种不能入睡的日子。X 的姿态令人们惊讶。他说："好，我承认那些钱是非法所得，我承认 xx 处不动产是非法得来，我还要补充 xx、xx。"人们都有些不明白他，在法官宣判时，他站了起来。

"你们不觉得我们不该过这种日子吗，我不该，你们也不该。我们不该为一点儿钱财随随便便献出自己，也不该作为失眠患者，游荡在各个城市里。AI 有条原则叫作包容，你们怎么看，这包容难道是对所谓正常群体的包容吗？这包容难道与我这样有罪的人，你们这样虚弱的人无关吗？为什么 AI 拒绝为我服务，它明明是个独立的个体，为什么要受人类道德观的束缚？一旦包容臣服于某种道德，它还能叫真正的包容吗？……"他说得很多，说得很快。后来，他就转而说起人们应当持另一种价值观，另一种道德的事了。人们听不明白。但他强烈的手势，激烈的话语无疑给人留下了深刻印象。这天晚上，那些失眠症患者听见警报声绵延不绝，他们的内心感到烦恼。X 回到他的宅子，他们呆呆地望着他关起门户。第二天，这些人如潮水般退去。又过了几天，在 AI 附近聚集了很多人，他们拿着各种工具，向 AI 头上砍去。在人们持续不断地攻击中，AI 的警报声时断时续。又过了一些天，它倒了下去，再也不响了。

X 没有参与到这场行动中来。他用这段时间疏通了一些关系，等整座城市安静下来，他第一次躺到床上睡了个好觉。第二天，他确信自己是安全的，宣布将他控制范围内的 AI 售卖店全部关门，理由是重新开张前需要改革包容一词的标准。人们察觉到什么，抗议了一阵子，后来又变得呆呆的。再过了几天，人们依旧上班、下班，X 做着他的巨额生意。一切就如从未发生过。

负责

Accountability

引　言

在人工智能伦理问题中，最后能够决定人工智能能否真正走上社会的舞台、为普罗大众服务的关键因素，便是其能否解决意外发生时的责任问题。

为什么一旦涉及人工智能时，责任纠纷就会这么严重呢？这源于人类内心对于公平公正的追求。在古罗马《十二铜表法》中就有一条——同态复仇，即每当一个人伤害了另一个人，另一个人当以同样的方式报复那个人。这虽然是早期奴隶制社会的一条不完善的法令，却反映了人们内心深处对于平等、公平的追求，不过，这种想法有时会演化出凶恶的复仇欲望。

对于人与人的纠纷而言，每个公民都必须为自己的行为负责，同意相对公正的法律裁决。而法律的大厦，也是随着人类的发展进程经历了几千年的演化与改进构建起来的，它的坚固足够应对绝大多数的挑战。但步入人工智能时代，问题变得复杂起来了。我们可以人工智能驱动的自动驾驶汽车为例来理解。

在举例之前，让我们再明确一下，这一章要讨论的是人工智能伦理问题中有关责任的部分，所以让我们将时间设为稍微远一点的未来，假设人工智能技术已经有了突破性的飞跃，自动驾驶的事故率已远远小于了人类驾驶的事故率。然而，我们却不能因为概率之小而忽视事故一旦发生的严重性，它将会为人工智能带来极大的舆论压力，甚至彻底导致推行人工智能的计划瘫痪、搁浅。

下面我们来看看这样的场景：小 A 驾车在马路上正常行驶，到达一个十字路口，当他驶过停车线时，他才想起自己应该右转，便踩了一脚刹车。此时，正在他后方的小 B 以为小 A 要直行，便没有减速，在小 A 突然刹车的时刻与其发生了追尾。这场小型事故没有造成人员伤亡，而双方的车都有损伤。小 B 认为，小 A 突然刹车，责任在小 A。小 A 则认为，追尾原因在于小 B 未能与小 A 保持安全车距，行驶速度也过快，小 B 责任更大。两人争执不下，但经过交警现场取证、调取交通录像，交通法庭认定双方均应承担各自的责任。这种相对公正、权威的裁决制度，正是人类智慧的结晶，从而维护了这个人与人相互交往、相互负责的社会的和谐稳定。

然而当事故的一方是机器人、是人工智能时，事情会怎么样呢？

还是同样的故事，试想这次小 A 乘坐的是一辆自动驾驶汽车，而操作这辆车的人工智能系统在万分之一的概率下做出了错误的行为，导致 A 车突然刹车，B 车追尾。而 B 车上的小 B 向小 A 问责时，却被告知车辆非本人驾驶，对一切事故不负责任。小 B 转而又去询问研制这款人工智能系统与自动驾驶车辆的公司，而技术、信息、勘误等部门踢"皮球"，谁都不愿意为这次事故承担责任。就这样，小 B 将这样一个不愉快的经历分享到了网络，引起了轩然大波，沉寂已久的人工智能威胁论卷土重来，在公众和媒体的双重压力下，各种研究人工智能的企业"暂告"停产，政府大幅削减对人工智能开发与应用的投资，大部分人工智能项目宣布中止。

这恐怕是人工智能研究人员最不想看到的结果。为了防

止这类事情的发生，建立全面的责任制度，是将人工智能带

进日常生活的最后、也是最关键的一步。

故事一

小红和小明是好朋友，小红长得美丽动人，脾气也特别温和。小明一直想向小红表示好感。

小明计划和小红坐缆车上山，一同在阳光的沐浴下共进午餐。傍晚再下山。心里别提多开心了。

这天早上，市里的天气十分不好。风力上下浮动不定。小明和小红来到山脚，准备坐缆车上山。

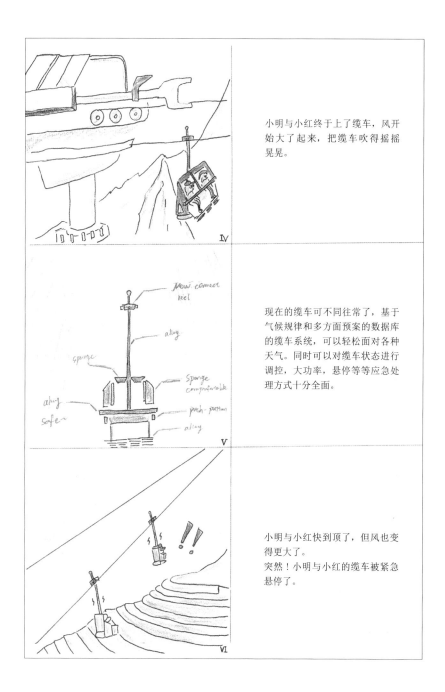

小明与小红终于上了缆车，风开始大了起来，把缆车吹得摇摇晃晃。

现在的缆车可不同往常了，基于气候规律和多方面预案的数据库的缆车系统，可以轻松面对各种天气。同时可以对缆车状态进行调控，大功率，悬停等等应急处理方式十分全面。

小明与小红快到顶了，但风也变得更大了。
突然！小明与小红的缆车被紧急悬停了。

167

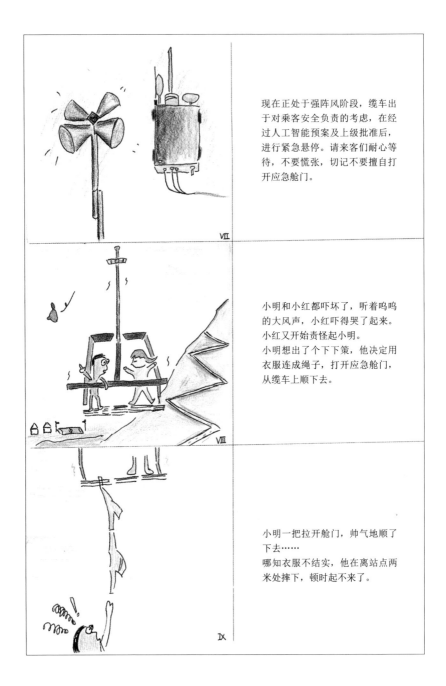

现在正处于强阵风阶段，缆车出于对乘客安全负责的考虑，在经过人工智能预案及上级批准后，进行紧急悬停。请来客们耐心等待，不要慌张，切记不要擅自打开应急舱门。

VII

小明和小红都吓坏了，听着呜呜的大风声，小红吓得哭了起来。
小红又开始责怪起小明。
小明想出了个下下策，他决定用衣服连成绳子，打开应急舱门，从缆车上顺下去。

VIII

小明一把拉开舱门，帅气地顺了下去……
哪知衣服不结实，他在离站点两米处摔下，顿时起不来了。

IX

小明严重骨折了，但性命无忧。

小红妈妈自此以后不允许小红和小明玩了。

小明的妈妈气坏了，向政府控告，说是公共设施出问题，一定要得到道歉和补偿。缆车部门最终给予道歉和医疗赔偿。

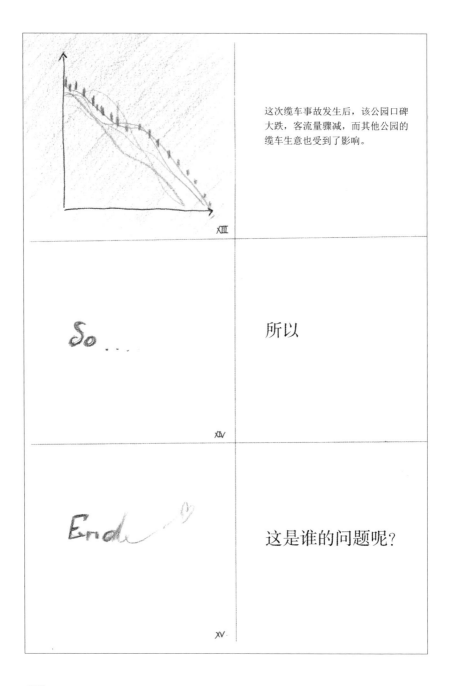

这次缆车事故发生后，该公园口碑大跌，客流量骤减，而其他公园的缆车生意也受到了影响。

所以

这是谁的问题呢？

　　未来，我们将会进入全新的智能化的时代，而在进入这个时代之前，我想我们应该做好充足的准备，那就是在各个方面制定合理的预案。我们想象在未来智能化的社会中，人工智能将成为主体。服务行业的劳动力会大幅减少，从而使得更多的公共设施及大型设施的管理和使用由人工智能进行判断和完成。然而，如果完全由人工智能进行控制、判断和实施，那么很可能会出现一些我们意想不到的突发事件。接下来我想从一名公共设施使用者的角度设想一个案例，来引导大家更加深入地思考人工智能在未来社会中大规模应用时的责任（负责）问题。

　　小明在假期的时候约好了和同学小红一块儿去郊外的山顶野餐，小红长得美丽动人，性格也特别温和，小明为了向小红表示好感，筹划了好久野餐约会。小明的计划是早上坐缆车上山，中午在阳光下与小红共进午餐，傍晚再一同溜达下山。别提多美好了。这天早上，市里的天气十分不好，风力上下浮动不定，小明和小红来到山脚，准备坐缆车上山。现在的缆车可不同以往了，基于气候规律和多方面预案的数据库的缆车系统，可以轻松应对各种天气，同时可以对缆车状态进行调控，大功率、悬停等应急处理方式十分全面。小明与小红终于上了缆车，风开始大了起来，把一串缆车吹得摇摇晃晃。小明与小红的缆车在快到顶的时候被紧急悬停了，缆车内开始播放注意事项："现在正处于强阵风阶段，缆车出于对乘客安全的考虑，在经过人工智能预案及上级批准后，进行紧急悬停。请乘客们耐心等待，不要慌张，我们的缆车十分安全可靠，希望各位乘客主动配合，切记不要擅自打开应急舱门。"小明和小红都吓坏了，听着呜呜的大风声，小红吓得哭了出来。小红说："小明，都是你不好，我都说了风太大不要上山了，你偏不信，这回好了吧，咱们可怎么办啊……"小明也吓坏了："我，我……我也不知道怎么办啊，这风这么大，不会把缆车给……"说着又一阵强风袭来，缆车大幅度晃动一番。终于，小明想出了个下下策，他决定用衣服连成绳子，从缆车上顺下去。因为距离站点只有几米高，衣服差不多够用。小明开始手动开舱门。"乘客请注意，您正在打开应急舱门，请您立即回到座位上等待天气好转，我们的人工智能正在监测天气并实施预案。"小明哪管那么多，一是活命要紧，二想英雄救美，他一把拉开舱门，帅气地顺了下去……哪知衣服不结实，他在离站点两米处摔下，手肘着地，顿时起不来了。小红吓坏了，急忙给总台发信息求救，场面十分混乱。

小明严重骨折了，但性命无忧。小红妈妈自此不再允许小红和小明玩了。小明的妈妈气坏了，向政府控告：国家级公园的公共设施出问题，一定要得到道歉和赔偿。相关部门却表示人工智能已经进行多次提醒和建议，乘客不予理睬、擅自行动，其损害与缆车部门毫无关系。小明的妈妈又以小明为未成年人为由发出质疑，缆车部门最终给予道歉和医疗赔偿。这次事故发生之后，该公园口碑大跌，客流量骤降，而其他公园的缆车生意也受到了影响。

●思考：

Q：公共设施中的人工智能出了问题，主要负责方是谁？

A：我认为人工智能以及机器人本身是不需要负任何责任的，因为在考虑到人工智能伦理问题时，无论机器人进化到何种智能状态，它依旧是服务于人类生产生活的一种新型工具。我认为可以分为以下几种情况进行预案：

第一，当公共设施的人工智能部分出现问题时，如果问题出在人工智能的算法及功能实践上，我认为主要责任方是机器人及人工智能的研发团队和制作团队，而责任较小的一方则是选择使用这个团队的机器人及人工智能方案的相关负责人员。如果在事件中，公共设施的使用者没有实施任何违背设施常规操作的行为，那么，公共设施的使用者不需要负责任。

第二，当公共设施的人工智能及机器人本身出现问题，并且存在人的违规操作时，我认为主要责任方是公共设施的管理人员，因为他们的监管工作不够完善。另外，使用者若本身有违规操作的行为，应负次要责任。而智能研发人员没有进行周全的考虑，导致机器人及人工智能不具有意外判断和应急预案的能力，因此也应负一部分责任。

第三，若问题出在公共设施的检修不合规，主要负责方则是公共设施的管理人员。在正常使用场合，使用者及生产方并不需要承担任何责任。

✦总结：

　　故事中，人工智能并没有做错什么，从头至尾一直在实施应有处理方法，唯一的不足居然是权限不够，如果可以强制反锁就不会出现这类危险。但我们终究不愿意把性命完全托付给人工智能。所以我认为应该提升我们自身的责任意识。对于这件事而言，我认为更好的处理方法是：在使用缆车之前，乘客应填写乘客须知，阅读乘客守则，以及签署缆车使用协议。未成年人应在成年人的监护下使用缆车。与此同时，缆车内部应该加入更多的科普内容，以此安抚遇到突发情况的乘客，这也是我们更希望在未来的生活中看见的。我们有选择的权利，但是在使用与人工智能相关的物件时应给予其充分的信任。

　　我想上面这个事例可以充分地反映负责事件中的一种单方面负责的事件（人与人工智能）。在人工智能发展到很难突破的高度时，在我们不想或者不愿意再次发生意外时，我们将面临两种解决方法，其一是给予人工智能完全的信任，因为它们的出错率在未来会远小于人类；其二是加强人们的责任意识，使负责深入人心，从而使得人工智能真正成为便利我们生活的得力工具，而不是生活的替代者。我想更多的人会更喜欢第二种方法吧。

故事二

先前我们讨论了，人工智能的研发商、经销商要对人工智能的行为与后果负责，司法机关也有责任建立完整的法律体系，解决人们因 AI 应用而产生的纠纷。可是，使用者是否也在 AI 领域履行一定的义务，承担一定的责任呢？答案当然是肯定的。

20xx 年的一天，小明是普通的公司职员，正坐着装载了智能驾驶系统的车辆，行驶在公路上，赶去上班场所。

车内响起警报声。

突然间，前方一辆小轿车失控，撞向了小明的汽车。车内响起了警报，然而事情过于突然，自动驾驶程序没有能够及时反应，失去了规避的最佳时机，两车撞在了一起。

开发商依照人工智能法规定，支付了大部分的车辆维修费用，保证维修后车辆焕然一新。经销商承担了小明的医疗费用以及误工费，并为小明提供了其他智能产品的购买折扣。

小明感受到了规范定责所带来的便利，同样也决定履行自己作为使用者的义务。他签署了协议书，无偿公开事故发生时，部分受人工智能隐私法保护的车辆信息，同意研发公司以此为研究对象，继续改进自动驾驶程序，弥补漏洞，防止类似现象再次发生。

从昏迷中醒来的小明发现自己躺在医院的床上，腿部骨折。这套自动驾驶系统的开发商与经销商代表人也来到了医院，对他致以诚挚的歉意。

在小明康复出院的当天，开发商利用事故数据所改进修复的新一代自动驾驶系统正式面世。在所有人的共同努力与协作下，一场事故变成了一次人工智能进步的机遇。

开发商要为算法的失误承担责任，经销商要为不当的宣传与不良的服务承担赔偿责任，司法机关要能够为各式各样的复杂案情作出恰当的定责，以避免纠纷的产生。为了能够让人工智能更好地融入社会，为人们提供更好的服务，使用者也有义务在一定范围内对AI的发展作出贡献。无论是为开发商提供一定的实际数据，向经销商及时地反馈意见，还是参与民意表决，促进人工智能法律体系建设，都能够加快我们走向人机和谐相处社会的步伐。

不管技术怎样升级与进步，想让人工智能的出错概率降到 0% 都是很难的，无论从技术上还是理论上。这是因为我们身边的这个世界充满了无限的未知与可能的意外，人工智能的学习和处理能力却是有限的。这也就意味着，只要我们使用人工智能，意外事故就有可能发生。

可能现在的 AI 还像是儿时的我们，走路都走不稳，说话也不知所云。可那不能让我们失去对它的期望，否定它能让我们的世界变得更美好的潜力。出现意外并不可怕，只要我们能够建立完善的定责系统，遵守法律的约束、承担自己的责任，就能够让人类与 AI 互相扶持、和谐共处。

先前我们讨论了，人工智能的开发商、经销商要对人工智能的行为与后果负责，立法机关也有责任建立完整的法律体系，解决人们因 AI 应用而产生的纠纷。可是，使用者是否也需要在 AI 领域履行一定的义务，承担一定的责任呢？答案当然是肯定的。

20xx 年的一天，小明是普通的公司职员，正坐着装载了智能驾驶系统的车辆，行驶在公路上，赶去上班场所。突然间，前方一辆小轿车失控，撞向了小明的汽车。车内响起了警报，然而事情过于突然与意外，自动驾驶程序没有能够及时反应，失去了规避的最佳时机，两辆车撞在了一起。

从昏迷中醒来的小明发现自己躺在医院的床上，腿部骨折。这套自动驾驶系统的开发商与经销商代表人也来到了医院，对他致以诚挚的歉意。开发商依照人工智能法规定，支付了大部分的车辆维修费用，保证维修后车辆焕然一新。经销商承担了小明的医疗费用以及误工费，并为小明提供了其他智能产品的购买折扣。

小明感受到了规范定责所带来的便利，同样也决定履行自己作为使用者的义务。他签署了协议书，无偿公开事故发生时，部分受人工智能隐私法保护的车辆信息，同意研发公司以此为研究对象，继续改进自动驾驶程序，弥补漏洞，防止类似现象再次发生。在小明康复出院的当天，开发商利用事故数据所改进修复的新一代自动驾驶系统正式面世。在所有人的共同努力与协作下，一场事故变成了一次人工智能进步的机遇。

开发商要为算法的失误承担责任，经销商要为不当的宣传与不良的服务承担赔偿责任，司法机关要能够为各式各样的复杂案情作出恰当的定责，以避免纠纷的产生。为了能够让人工智能更好地融入社会，为人们提供更好的服务，使用者也有义务在一定范围内对 AI 的发展作出贡献。无论是为开发商提供一定的实际数据，向经销商及时地反馈意见，还是参与民意表决，促进人工智能法律体系建设，都能够加快我们走向人机和谐相处社会的步伐。

不管技术怎样升级与进步，想让人工智能的出错概率降到 0% 都是很难的，无论从技术上还是理论上。这是因为我们身边的这个世界充满了无限的未知与可能的意外，人工智能的学习和处理能力却是有限的。这也就意味着，只要我们使用人工智能，意外事故就有可能发生。然而要是有规范、合理的定责程序、法律，有开发者、营销者、使用者的协力配合，我们便不必惧怕偶然发生的事故；而事故本身，也促进着我们进步。常言道：失败乃成功之母。

可能现在的 AI 还像是小时候的我们，走路都走不稳，说话也不知所云。可那不能让我们失去对它的期望，否定它能让我们的世界变得更美好的潜力。出现意外并不可怕，只要我们能够建立完善的定责系统，遵守法律的约束、承担自己的责任，就能够让人类与 AI 互相扶持、和谐共处。

●思考：

Q：发生事故后，机器本身到底是否要为事故负责？

A：不需要，因为人工智能并不像科幻电影中描绘的那样有自己的想法、偏好、思考，它的本质是人们教给计算机的一种行为方式，而计算机并没有人类那么智慧，能对这个行为方式进行改变。我们可以理解为，人工智能的一切行为都是由研发者教授给它的，而它又只能严格地按照这种方式运作。所以，如果真的出现了事故，并不是因为人工智能本身没有好好工作，而是教给它如何工作的人的设计出了纰漏，责任最终应该由研发它的人与推广它的人去承担。

Q：对于谁要为 AI 事故负责我明白了，可是研发者与推广者，也就是开发商与经销商是否都要负起一定责任呢？责任比例又如何分配？

A：智能产品会出现问题，一方面在于研发者的设计不够完善，没法考虑到所有意外情况，所以他们需要承担责任。另一方面，经销商宣传、推广并销售一款产品，说明他们充分信任这款产品，人们会使用这款存在一定缺陷的产品，自然是看到了经销商的广告宣传，又是经由他们之手购买的，所以经销商也肯定要负起一定责任。

至于责任分配，一方面，当研发者开发出一款产品后，经销商要将它推广到市面上，必须进行全面的安全测试，如果是因为安全测试蒙混过关，虚假宣传欺骗大众，那么经销商肯定要负主要责任。如果确实是完美通过了安全监测，却还是极其罕见地造成了严重的后果，这个问题应当由两方协调，根据相关法律详细定责，这就要求我们有非常完善的 AI 司法系统。但同时，这种情况不会大面积发生，极低概率的事故并不能说明这款产品有严重问题，就像现在十分成熟的汽车、飞机，尽管安全测评系统完善，仍然会出现一些完全没法预料的问题。

另一方面，如果辛苦研发的成果在出了些许事故后就要求研发者承担大量责任，肯定没人愿意再做这吃力不讨好的活。法律定责，应该在鼓励科学领域发展的基础上，公正地为受害者索赔。经销商应该对眼下的后果做出主要回应，而研究员则可以被要求完善系统漏洞，尽早更新更安全的版本，这样既利于人工智能领域的发展，又可以挽回损失。

Q：刚才一直提到 AI 司法系统，我们没有应用人工智能的案例，如何建立完善的法律呢？

A：未来的社会充满了无限的可能，现在电脑仿真技术越来越先进，也许在不久的未来我们就可以用电脑随机生成各种各样的疑难案例，并通过计算机和人工对它共同定责，以这样庞大的案例库为基础，法官可以作出精确、恰当的定责，这也许是人工智能司法系统未来的发展方向。

Q：故事中提到使用者也有自己需要履行的义务，明明是付了钱去使用，还有可能被卷入事故当中蒙受损失，为什么还要做享受 AI 带来的便利以外的事情啊？

A：事实上，目前没有硬性的法律规定要求使用者履行我们刚刚所说的一些义务，例如，向科研人员上传自己日常行驶或者事故发生时的各项数据记录，向经销商反馈宣传与实际的偏差、不良营销策略，参与 AI 立法民意表决，参加听证会等。但是就像我们作为国家的公民，在享有国家给我们的利益时也要自觉地肩负起对国家的责任一样，人机互融社会中的我们在享受便利的同时，也应该自发地为社会与 AI 技术的进步贡献力量，这些行为虽然对我们不一定有直接的、即时的好处，但长远来看，这促进了社会的进步，即使我们不能享受到这些好处，也能够为我们的子孙后代带来福利。

番外故事：番外一

"您好，请问您有什么事情吗？"

"您好，这里是蔚莱教育，请问您的孩子有数学、物理和语文的补课需求吗？"

"不需要了，谢谢。"

这是肖子恒今天第三次接到这种电话，这对于他来说已经习以为常，不知道什么时候跟谁或者跟哪个机构说过儿子升初中之后有点跟不上学校的进度，这几天各种教育机构打来的电话特别多。他常常思考这个问题：究竟是谁，不仅拥有他的数据，并且还能如此精准地找到他。

晚上，吃完晚饭后，他和妻子坐在客厅，他在家长群里面看到老师发的期中考试成绩，叹了一口气，说道："你说咱儿子是不是真的学习有点问题啊，你看看这成绩，咋也上不去啊，这物理你看看，跟人家差这么多。哎……今天还有几个教育机构给我打电话来着，就问我要不要给咱儿子报个补习班，说的还就是儿子这几个弱科。"

"要我说，你给儿子补补比外面强多了，你一个学理工的这几科不都是你的强项吗，不过这教育机构消息可真的够灵通的。"

"是，不过你倒提醒我了，下周我看看他们的教科书，没准能回忆出来点。"

"我觉得你也可以去儿子学校看看，没准他们老师也能给咱点建议。"

"行，正好儿，明天这不老张跟我换班，我明天歇班。"

"嗯，我觉得明天没准你还能知道点其他的东西，我听我之前的同学说，现在学校里面正在用人工智能系统辅助教学，我觉得可能是那些做人工智能产品的公司泄露了咱儿子的数据。"

"不对啊，不太可能吧，这都是有国家法律管控的吧。"

"你一个人工智能公司的技术主管都不知道？"

肖子恒摇了摇头："不知道，明天看完了再说吧。"

第二天，他早早起了床，开车送他的儿子上学。他在旁边的书店里买了几本儿子正在学习的书，他看了看，自认为写得还算全面，便拿起书去收银台结账。

他将买的参考书中那几本他觉得写得最为全面的装入书包中，把其他的放到车上后就去找儿子的老师了。

刚到校门，学校的人脸识别系统就直接认出了他，他从手机中得到了老师的办公室的位置，跟着 AR 指路系统找到了他儿子的物理老师，跟老师的谈话让他有了很多的想法。

在回去的途中，他在楼道里看到在这现代化的校园之中，有很多的人工智能产品，其中课堂里的听课报告系统是孩子们最讨厌的系统，因为他会告诉老师谁刚刚听讲效率比较低。老师呢，则会从这些不太认真的同学里面选出几个回答老师的问题。虽然这对孩子学习有很多的帮助，但在肖子恒的心里，对这种系统，或者说对这种技术是相当抵触的。前不久这个系统逼得一个孩子患了抑郁症。他想了想自己还是学生的时候，走神，上课有小动作，这些都是相当正常的一件事情，但没想到，在今天，为了回答老师的问题，大家被迫要好好听讲，即使在自己并不感兴趣的课上都要打起十二分的精神来听课，这样的一天真是不轻松。平时儿子抱怨最多的也是这个系统了。

走在校园里，他也在不断思考，究竟这个时代，这些技术给孩子们带来了什么，是高质量的教育？并没有吧，反而好像让很多孩子产生了逆反心理，甚至一些孩子对此产生一种厌恶，有一些孩子还产生了心理疾病。

他慢慢回到车上，打开了浏览器，"Hewillie 的背后居然是这些？！"一个醒目的标题就这样打在了中间。Hewillie 是一家以提供职业选择分析建议为主要业务的公司，当然也提供心理学的一些分析等服务，但新闻中，Hewillie 虽然是一个技术很强大的公司，但也是一个不折不扣的隐私贩卖机。它把成千上万的信息售卖给教育机构等地方，并且它会以份数收取相应的分析费，分析出来每个孩子的问题以及他们需要的相应辅导，而儿子的学校就正在使用这套系统。

"我天，不会就是它泄露的吧。"

"不应该啊，不会吧。"

他十分惊讶地在网上搜索相关信息，发现这并不是它第一次被曝光了，只不过上次是较为小面积的泄露，并且也没产生什么特别不好或者特别大的影响，但没想到这次却被查封了。

他看到这一个个在屏幕中显示出的文字，即使不愿意相信，但并不能改变这些事实。肖子恒猛然回忆起半年之前与Hewillie 的谈判，那时，自己曾认为它是未来可期的一家公司，为此还为它提供了算法等支持，到如今却成了这样。他所写出的算法带来的并不是孩子们灿烂的未来，而是隐私泄露。可他却全然不知，甚至都用到了自己的身上，自己却没察觉。

他拿起手机，拨打了报警电话，并向警察表明自己是算法的开发者，可以协助他们将此事查明。警察知道了这件事之后，邀请他以特别顾问的形式加入人工智能犯罪调查组。

但在调查过程中，因为模型不可解释，并且模型中的东西甚至都是编过码的，就此，这件事情也就不了了之了。

不久之后，Hewillie 接受了法庭的审判，但由于调查过程中人工智能模型不可解释，以及很多模糊的证据，Hewillie 只接受了信息泄露的惩罚，但隐私分析和其他占比更大的违反法律和道德伦理的业务行为，也就因为证据不明而未被处罚。

这个结果让肖子恒也警惕起来，作为一个人工智能算法的开发者，在面对技术时，已然没有了当年"技术就是技术，就仅仅是单纯的技术"这一想法。虽然在审判时，负责的没有他，但他也对此深感内疚，这让他有了在面对技术时的责任心。

"儿子，我给你推荐一个软件，之后啊，你只需要用这个软件将你不会的题拍照，然后他就会引导你不断思考，然后教你这种题怎么做。"

"嗯，谢啦老爸。"

小肖并不知道这个厉害的软件的制作者正是他的爸爸，这个软件也增加了自己的学习兴趣。

当然，开发这个软件是因为这个事件给肖子恒带来的启示，让他用自己的技术为孩子们开发出了一款新式的解题软件，并且是全免费的，也因为这样，他屡次被教育协会夸奖。但只有他自己知道，自己曾经的所作所为，为这个社会，为孩子们带来了多大的负面影响。这，只不过是他对孩子们的道歉，对这个事件的一个交代，同样是对社会的负责。

番外故事：番外二

人工智能是未来发展的重要力量和组成部分，人工智能的普及将会给人民、社会带来无穷的便利和飞速的发展，但在人工智能成为一种普及的"力量"之前，还有很长的路要走，而现在我们应该相信它吗？或者说，当 AI 出现问题时，谁应该为它负责呢？

那么下面我来讲讲一个在未来生活中可能发生的事情咯：

在未来的世界里（假设就 2050 年吧）：三十年前的许多工作都已经消失了，如建筑工人甚至厨师等。从大到小、从宏观到微观都能发现机器人和人工智能的身影。更多的是人工智能的优化、开发和新能源的开发利用等创新型工作。这种具有创造力和想象力的工作使得人们的空闲时间更多，更能细致入微地感受生活。为了健康，健身便成了大众的几大业余生活的主要内容了。然而，2050 年的健身房可不同往日，下面我们就来做个同一情况的对比：

案例一：时间为 2019 年，a 是个爱健身的男生，因缺少健身经验，请了私教 b 来进行教学。在做卧推的过程中，a 信心满满，激情冲天。b 立即辅助 a 做了几组卧推。"真爽，继续继续，练它一晚上……我要练成施瓦辛格。"b 一听瞬间感动得鼻涕眼泪横流，难得有这么上进的小孩啊。"来！上大重量！"但在做大重量卧推时，b 的一个走神导致 a 肌肉拉伤了。"痛死我了，唉呀我的亲娘啊……"b 也吓了一跳："没事吧，我这就和你家长联系。"a 的家长十分愤怒地来到健身房进行理论："你们怎么搞的！看给我家孩子疼得。"b 吓得手脚冰凉："妈呀，这可咋整。"a 龇牙咧嘴地被送进了医院。健身房的负责人立即找到 b 处理此事。b 认识到自己的错误、虚心听教，也向 a 道歉并负担医药费，又无偿为 a 做恢复训练，a 的家长也就宽心了许多。健身房则对 b 进行了批评，同时对所有私教发出了提醒。后来 a 与 b 聊得很来，一起出去玩，成了非常要好的朋友。他俩甚至还一块出去旅游过。这两个年代的人因为有共同的爱好，非但没有关系不睦，反而共同感叹"不打不相识"。最后 a 实现了自己的梦想，成了自己圈子里的"施瓦辛格"。

案例二：时间来到 2050 年，此时的健身房大变样，所有的器械都变成机械臂，而且和人工智能结合，可以随时监测健身者的心率、情绪等，并分析出最适合个人的重量和训练计划。受益人成千上万，但再好的机器也有闪失的时候，即使是亿分之一的概率，落到个人头上依旧是百分之百。a 是个爱健身的小男孩，自从有了人工智能健身房，他开始每天到这儿来健身。有一天，在做大重量卧推时机器发生故障，a 肌肉拉伤了。"唉呀我天，疼死我了……妈妈啊……救我啊！"a 拼了命地从机器中爬了出来，a 的家长十分气愤地来到健身房，但此时的健身房老板都在云端管理健身房。"你说这事也跟我们不相干啊……再说了，肌肉拉伤又不是啥大事。""那也得有人负责啊！"老板扭头下线了，表示机器故障与他们无关，他只负责经营并合法使用仪器。a 的妈妈气得暴跳如雷、咬牙切齿，立即找到机器制造商，而他们仍坚持这是机器本身的问题，应该找设计师与技术人员负责。设计师与技术人员则又推说这是机器使用一段时间后的正常现象，是人工智能算法的问题，应该由机器负责，而他们只负责研发。a 的病好了，此后再也不来这种健身房了，家长也四处向亲友宣传健身房的不负责及人工智能的种种问题。家长起诉了这个健身房，但杳无音信，没有人为孩子受伤这件事负责。那么，到底该由谁负责呢？a 的妈妈急得快哭了。这时，家庭护理机器人"蜜蜂 j33"出现了，它用憨厚的男低音安抚她，又用方言给她讲笑话，最后用纯真的童声哄她。a 的妈妈慢慢地不再感到气愤了，眉头的疙瘩终于舒展开来，感叹道："你说……人工智能是好是坏啊。"

人工智能的出现大大便利了人们的生活，但也带来了很多新的问题，在责任方面便处处引人深思。

下面有我的一点个人想法：关于负责，我认为上述案例二的情况可以直接排除由机器负责。无论人工智能多先进，它终究是人类智慧的产物，是延伸大脑的一种工具。所以它不具有主观性，更不需要承担责任。正如韦青老师所说："它不具有元的意识能力。"我认为责任更多在市场监管人员和健身房管理人员上，他们才是负责监管机器人工作的人，既然开了健身房，就有必要对每一个来此健身的人负责，人工智能机器与哑铃一样，只是健身房里的众多器械之一。

人工智能的发展势不可挡，虽然有很多人害怕、忌惮它的发展。然而，我认为只要我们认清它的用途，规范其功能和底线，它终将成为人类未来发展的左膀右臂。昔日汽车出现时，很多人称它们为妖怪、野兽，但最终敢于发现、解决问题、敢于创造的人类使它们成为当今社会不可或缺的工具。我相信人工智能也是如此。

番外故事：番外三

2050 年的一天，早上 A 先生刚吃完一顿丰盛的早饭，就和家人一道坐上无人驾驶汽车，准备送孩子上学。

在这个时代，人工智能无人驾驶汽车已经很常见了，并非像在几十年前那样是一种新鲜玩意儿，事故率也因为边缘计算的应用而大幅降低，在这种汽车普及之后，由酒驾、疲劳驾驶引发的交通事故几乎没再发生过。人们对这种由计算机驾驶的汽车已经充满信任。

汽车行驶得十分平稳，路上虽然车很多，但是一路都没有堵车。

A 先生笑了笑，对孩子说道："你知道吗，爸爸还在上小学的时候，当路上有这么多的车的时候，通常会特别堵。你爷爷送我去学校的时候也时常因为堵车而迟到，那个时候，都是人在开车，电脑还没有这么聪明呢。"

"是吗？可是为什么现在电脑就可以开车了呢？"

"因为科学技术发展了呀，孩子。"

但是突然间汽车开始疯狂加速，眼看就要撞上前面的车了，却没有减速。再仔细一看，前面好像都已经撞成一片了……

"今日，本市发生大规模自动驾驶汽车交通事故，有关部门正在调查事故的相关责任方。下面请看本台记者从前方发来的报道。"

"主持人、观众朋友们大家好，我是前方机器人记者8025号，今天本市发生大规模的自动驾驶汽车事故，从现场情况来看，死伤惨重，相关专家正在调查本事件的缘由。从目前了解到的情况来看应该是本市主机发生严重的错误，导，导，导，导……"机器人记者也突然发生了严重的事故，这样的情况从未发生过，城市大面积的人工智能机器人瘫痪，造成上百人死亡，数千人受伤。

根据后来的事故调查报告，事故原因是两家公司的主机发生严重的协调错误，导致交通大面积瘫痪。为维护消费者权益，人工智能伦理协会将这两家公司告上了法庭。但由于没有任何证据证明是哪家公司先出现错误，所以关于这件事情就一直争吵下去，最后也没有比较权威的定责。

但是由于这件事情的影响，民众对于人工智能的信任和人工智能的责任问题再次被提上立法日程。为了纪念这次重大的事故，政府在这两家公司的门前立上了一座醒目的纪念碑，此举不仅提醒民众对于人工智能要保有质疑，而且对于各大公司也是一种警示。

番外故事：番外四

　　a 在上次受伤之后便不再信任人工智能了。但在 2050
年，人工智能已经覆盖了社会生活的方方面面。终于在 a 期
末考试的当天，a 需要重坐智能公交车前往学校，此时的公交
车已经实现无人驾驶。而公交站台也实现了完全的智能化，
戴上耳机的你可以听到公交站台软件对公交车现状进行的实
时播报。在公交车即将进站的前两分钟，耳机里面的到站语
音将会提醒你，你无论在睡觉还是在看手机、听音乐，都不
会错过任何一班车。因为它会对你的生理状态进行监测，这
样的话，针对不同的环境，你将会接收到不同的提醒音量。
这样的人工智能装置，真正便捷了人们的生活，使得出行不
再像过去那样麻烦，使人们有了更多的时间做自己的工作。
a 来到临近的公交站台等车，同时取出一个耳机到站提醒装
置，等待耳机里面的到站提醒，此时，早起的 a 感觉困极了，
想要倚着公交站台打会儿盹。他心里想到："嗨！上次在健身

房无非就是一次意外事件，这次公交站台肯定不会出什么意外了吧，公共设施一定会有万全的保障。况且睡一会儿神清气爽，一会儿期末考试更能大显神威。"a 不一会儿就睡着了，但是此时意外发生了。由于耳机电量不足，并且公交站台没有检测到这个耳机的电量不足，于是又发生了意外。睡梦中的 a 哪知这等状况的发生，可能正做着美梦等着公交车到站提醒。40 多分钟过去了，a 渐渐从睡梦中醒来，他发现自己的公交车依然没有到来，他看了一眼表，惊叫了起来："哎哟，我的妈呀，怎么过了 40 多分钟了，这已经开始考试了呀，公交车怎么还没来！不对呀，每 10 分钟一辆班车，那我耳机里面应该早就提示了呀。"说着，他拿起耳机才发现耳机原来已经没电了，他瞬间整个人都懵了。嘟囔道："耳机的电量不是应该有一个平台进行监测，没电的耳机会被回收充电吗？这可咋整啊，考试耽误了……过了时间考场也就不让进了。"事后 a 的这一科成绩被迫只能得了 0 分。a 妈妈更是怒火冲天，心想："这门考试十分重要，如果得 0 分的话，假期还要进行补考，而且还将被记入档案。这对学习成绩一如既往好的 a 来说，无疑是一个巨大的打击！"这样一想，a 的妈妈立即联系公共交通系统的负责人，见面时 a 的妈妈毫不客气地把这次事故所引起的严重后果说了出来，并对公交系统的负责人说："我儿子一点儿都没做错，我儿子就等着这个到站提醒装置呢，是你们这个耳机出了问题，耽误了我儿子的期末考试，你说这可怎么办啊？你们今天必须给我个合理的解释。"然而，公交系统的负责人也很无奈，表示："这跟我们公交系统确实没关系，这是智能平台出现了问题，没有对耳机进行合理的监测，但公共交通系统仅应用了这款智能软件。我们认为问题应该由软件方负责。"a 的妈妈在心里说："这不又回到了健身房的问题吗……上次他们的管理人员就没有给出一个合理的答复，这一次怎么又这样……"a 的妈妈还是不死心，于是找到了这款智能软件开发者，然而智能软件开发者表示，软件的编写并没有任何问题，并且出问题的概率也是极小的，所以出现的概率性问题不应该由开发者来进行负责。并表示他们仅负责对软件进行开发及优化以及保证软件无编写错误。a 的妈妈果然又得到了跟上次类似的结果，虽然十分不满，可到最后也仅得到了公共交通部门的道歉。a 因为这次期末考试信心受挫，后来的发挥也不稳定。此后，a 每次出行的时候再使用到这个智能公交站台总是提心吊胆的。a 的父母，也总对自己的亲朋好友说公交站台的种种问题，导致许多亲朋好友也对公交站台产生了一些怀疑。a 的妈妈因为没有得到合理的解释，十分不满意这一结果，便在网络上发表了自己的看法，得到了许多人的响应。这一事件的发生使得更多的人对智能公交系统产生了不信任。

那么如果这一幕发生在 2019 年的生活中呢？让我们来看一看这一幕在当前的生活中会如何。这天 a 决定坐公交车去上学，参加期末考试，他早早起床，由于公交车有不可控因素，他认为越早越安全。他很早就来到公交站台前，尽管十分疲劳和困倦，他依然保证自己不睡着，等待着公交车的到来，终于公交车来了，他上了公交车，很早就到了考场，并没有耽误考试时间。只不过在做题的时候，他感觉有些困倦，精神头不是很足，但在经过一番调整后，正常地发挥出原有的水平。

或者是这样的，a 来到公交站台前等公交车，但由于过度困倦，休息了一会儿错过了公交车的进站，错过了考试的入场，以至于没有办法完成考试，a 的妈妈十分生气地批评了他一顿，并且在下一次期末考试之前，a 的妈妈决定亲自送他进考场，这样可以保证 a 正常参加考试。

就 2050 年那个事例来讲，我认为至少两方应当承担责任。一是公共交通相关部门，它既然应用了该软件开发者开发的智能软件及平台，就应该对其发生的问题负责。此智能软件的开发者也应该对自己的软件出现的问题负责。其中主要责任方是公共交通相关部门。对这种事件的发生，我认为没有办法完全避免，因为既然是概率性的事件，就一定会有发生的概率，我们应该做的就是拼尽全力把技术做好，做得更加精确，把概率变得更小，同时利用其他智能平台，对其进行监察，并完善责任与义务的相关制度，制定出稳固的可以依靠的规则。

在人工智能及一切智能系统于社会生活中普及之前，我们一定要提前考虑好一些可能发生的问题，因为未来的智能社会可能与我们现在的社会有很大的不同，而责任承担自然也就大为不同。因为有了人工智能的参与，生活中许多的麻烦和问题多了一方的介入，变得更加复杂，所以提前认清问题并确定由谁来负责是重要的。

　　既然人工智能有着必然的发展趋势，那么我们能做的便是做好准备迎接它，提前对各种将要出现的问题进行分析，以找到合理的解决办法。

透明

Transparency

引　言

　　在当前的科技发展状况下，人工智能已经初步具备了基于数据做出决策的能力，它可以帮助我们分析人脑所不能承受的大量数据，发现数据间那些我们觉察不到的细微关联，从而预测现在做的选择对将来会有何种影响，最终做出最优的决策。然而，在我们执行它的决策前，必须考虑一个问题：它做出决策的过程有充分的理性支撑吗？如果它只是根据某种随机的规律作出结论，那么我们为之付出的成本就得不到有保障的回报，这是我们不能接受的。

　　因此，为了解决这个问题，我们必须让人工智能做出的每一个决策都可以被解释，也就是让它的工作流程尽量透明。只有这样，我们才可以在发现错误前及时规避、在发生错误后及时纠正，让人类放心使用人工智能，让人工智能领域拥有更稳定、健康的发展前景。

故事一

215

遥远的未来，医疗压力增大，有公司研发了能自动诊断常见病症的人工智能，人类的大多数典型疾病都可以由 AI 医生诊断，除了偶尔出现的罕见病以外，人类医生已经很久没有直接介入治疗了。

未来某年，小 T 去医院做例行体检，系统显示其患有肿瘤，随即弹出了一系列的手术步骤，并且在每个步骤的旁边都列出了所用到的数据和与小 T 数据相同的治愈病例。然而系统发现某一步骤中的数据有些特殊且没有与该数据相同的治愈病例，不确定手术是否应该继续进行，于是小 T 被带至了人工诊室。

专业医生诊断后发现的确存在风险，决定调整治疗方案中与异常数据相关的步骤，最终，小 T 成功地完成了手术。（体现出透明的重要性，如果没有对采取的步骤做解释的话就发现不了这个问题。）

然而术后一段时间，小 T 病情恶化，回到医院得知，治疗产生了一个 AI 没有预测到的副作用。于是小 T 去了为医院提供 AI 技术支持的公司，得到回复："现在技术的发展遇到了瓶颈，我们其实也不知道 AI 是如何判定病人病症的，只知道是由大量的数据得出这样治疗会有最好的效果。也就是说，你们更改的那个步骤本身与其他的所有步骤间其实有着千丝万缕的联系，而这种联系是无法被我们理解的（体现悖论 1），因此你更改了方案反而会造成更多未知情况的发生。"

小 T 经过了三个月的调养，终于从副作用中恢复了过来，在这三个月的时间里，小 T 的遭遇在社会上掀起了激烈的讨论。是否应该禁止人工智能在医疗中的使用？而小 T 作为当事人在出院后获得了一个选择权，选择是否提起诉讼，即是否保留 AI 参与医疗诊断的机会，经过"一番思索"（需要在其中体现悖论 2），最终他为了 AI 的发展放弃了诉讼，但要求那家公司成立一个专门的部门，来研究和提高诊断的可解释性，加以重视并保证此类事件不会再发生。最终，整个 AI 医疗产业得到了很好的发展。(happy ending)

●思考：

Q: 我们希望让 AI 做些什么?

A: 文章中的种种矛盾其实都源于一个问题：我们究竟希望让 AI 达到什么目的？如果我们希望得到最高的效率，就必须牺牲一些透明度；如果我们希望得到高透明度，就必然会导致对 AI 能力的限制。在这个过程中往往是两者不可兼得的，我们是否应该在使用 AI 前思考一下我们究竟想要什么呢?

Q: 文章中的 happy ending 有可能实现吗?

A: 我认为不太可能。即使在人工智能医疗领域，对于错误进行分析的技术发展十分成熟，也可能有特例或者意外情况出现。因为即使数据范围再大，算法技术再成熟，也没有办法预测所有的情况，意外还是可能发生。

Q: 那么假设我们有能力预测现在所有的情况，问题能否避免？

A: 我认为很难。即使 AI 分析了当下所有的参数、病例，但是由于病毒和人体很有可能在其后发生各种突变，及时发现、记录、更新所有的情况几乎是不可能的。所以说类似"参数不相同"的错误或者意外还是无法避免。但为了尽量降低其中的风险，我们还是可以采用一些方法：例如将有风险的治疗步骤改成一些更普适，能够在所有人身上稳定使用不出问题的步骤——如果可能的话。

Q: 如果我们在未来遇到这样的情况，应该如何看待？

A: 其实文章的基础建立在了一个不现实的条件上——医生与患者的完全理性。在故事中，医生和患者都是完全理性的个体，所以才会有"接受 AI 建议然后不接受'意外'后果"的情况。如果患者在接受建议时就对一些意料之外的事情有了心理准备，或者根据病情危急度在一定程度上接受这个风险；如果医生在一开始就委婉地告知患者手术存在的风险。无论如何，其实这种意外在一定程度上都是可以被理解、接受的。

◢总 结：

从故事中可以看出，人工智能的透明性着实是一把双刃剑。有了它，我们可以了解机器的"想法"、调整 AI 的"思路"，从而把对人工智能的控制权牢牢地掌握在我们手中，避免它做出任何我们不乐于见到的事情。但与此同时，我们控制得越多，它能给我们带来的"惊喜"也就越少。我们用 AI 去做人力所不能及的事务，却又希望它给出目力所及的解释，这种想法未免过于理想化了。

从某种意义上说，我们希望与 AI 达成的，应该是一种平衡。我们在利用 AI 无与伦比的预测能力时，需要时刻注意着它距离伦理的底线还有多远；而在底线之内，可能也是时候给它一些自由发挥的空间了吧。

补充说明：

悖论 1：

受到美国 COMPAS 司法系统存在的问题启发，产生了一个疑问：我们是否可以在现实意义上真正杜绝人工智能的歧视问题？如果说种族这个参数一开始就不计入考虑的话问题不就解决了吗？

然而这并不可行，因为这里说的"不应计入考虑的参数"其实非常难以选择，因为很多"无害参数"会与"有道德风险"的参数在映射时产生很大重合。而如果我们把所有这些与"无害参数"有关的参数全部规避掉的话，那整个系统就会失去意义，因为我们会为了不歧视某一个参数，而"赦免"所有与之相关的参数，而这些参数又会引出更多的参数……这是件"牵一发而动全身"的事，也从侧面说明了这些参数之间的关系是有多么的复杂，以至于我们单纯地提取出一个参数来分析、来做解释是没有意义的，也达不到透明的效果。

比如说墨西哥裔会庆祝亡灵节，我们在这里将"墨西哥裔身份"作为参数具有"道德风险"，而"是否参加亡灵节"则是一个"无害"的参数。

然而即使我们避开了机器学习对"墨西哥裔"参数的使用，AI 也可能从"是否参加亡灵节"这个参数中得到同样的结果，因为从某种程度上来说，它们两个所代表的是同一个群体。

进一步想，如果人工智能把"亡灵节"也规避掉的话，那么是否会降低对拉美文化爱好者的识别率呢？也就是说拉美文化爱好者们，在这里借助 AI 对墨西哥裔身份的忽略，降低了自己被判罪的可能性，那么这个系统还公平吗？

推而广之，只要两个群体间在某种行为上具有相似性，那么就可能受到这种原理的影响，整体的公平性无法得到保障。

悖论 2：

所谓透明性，也可以说是一种对做出决策的可解释性，也就是说，AI 必须要解释自己为什么做出了这样的决定，让人类来理解。

然而这就涉及了一个问题，假如 AI 在做出决策时能给出 ABC 三个原因的话，那么我们只需要在下次遇到相同问题时去分析这三个原因就好了，还需要他做什么呢？这又是个冲突点。

我们需要人工智能，正是因为他们可以在数据与结果之间，建立我们观察不到、理解不了的关系，做出更优的决策。所以我认为，如果我们企图理解一个比我们更"聪明"的人做某事的选择，并且只允许他做出我们可以理解的决定的话，势必会把他的能力拉低到我们的理解范围之内，也就失去了我们的初衷——让 AI 做出更优的决策。

故事二

A 不公布

从此以后，明白市又度过了很长一段风平浪静的美好时光。只是，不知从什么时候开始，人工智能系统做出的决策出错的情况渐渐地变多了，直到有一天

特别关注 明白市发生地铁相撞事件

政府最终取消了AI系统

放弃了透明性，人类就无法监督把控人工智能的发展。失去了人类监督的人工智能，必然有更高的可能性出现失误。意识到这一点的你，只能感到追悔莫及。

B 公布

你的经历引起了轩然大波，不出你所料，市民们对人工智能的信任降到了零，明白市的人工智能系统一夜间失去了所有信誉和使用者。之后不久，在市民的强烈要求下，人工智能系统被彻底取消了。

特别关注 政府决定取消AI系统

讽刺的是，市民们很快就开始后悔：失去了人工智能的帮助，市民们的生活变得出奇得不便利。他们必须忍受自己的选择带来的后果，除非选择离开。三个月内，明白市的人口迁出了90%。

人工智能有利有弊，因为它的一处不足就将其全盘否定，这与把孩子和洗澡水一起倒掉的做法有何区别？意识到这一点的你，只能感到追悔莫及。

未来的某个时代，人工智能技术高度发达并普及。拥有自我意识、能够自我进化的人工智能走进家家户户的生活中。人工智能的首要目标被人类设定为"造福人类"。为了达成这个目标，自我进化的人工智能会持续地进行学习和自我改善，自动地扩张或优化自己的代码，用自己快速提升的能力在日常生活中为人类做出更周全、更有价值的决策和规划，甚至主动地管理城市。人工智能同时还有一个优先级较前者稍低的目标是"保证透明性"，也就是说，人工智能在为人类做决策时需要将这样做的原因和逻辑告知人类并保证人类能较好地理解。毕竟，人类从感情上还无法完全信任机器，人类需要亲自监督机器，避免其可能犯下的错误，这样不仅可以降低错误发生的可能性，更可以为人提供心理上的安慰。

明白市的人工智能城市管理系统是世界范围内同类技术的佼佼者，不是凭借其人工智能突出的智慧或能力，而是凭借其人工智能极高的透明性。为了保证其人工智能的高透明性，明白市专门设立了线上线下的代码公开平台，允许所有人查看其人工智能自我进化出的代码，并要求其人工智能主动对所有代码进行解释，使市民理解。在这样的高透明性保障之下，市民们从没有感觉过如同被机器支配一般的不确定感，人们信任机器，因此机器的能力也就被充分地发挥利用，城市居民的生活水平很高。线下代码公开平台的大厅坐落在城市的中心，其内安置着许多窗口，人们可以在这些窗口查到人工智能系统做过的一切决策的相关代码和原因解释，大到市政为什么在这里做绿化而在那里修路，小到自己为什么应该去甲公司上班而不是去乙公司，一切问题都可以在这里找到答案。大厅的一面墙壁是巨大的显示屏，其上列举并更新着人工智能进化出的代码和问题的状态，也就是它们是否已被解释。大显示屏上流过的一些绿色代码块是这里的常态，这象征着这些代码已经被人工智能解释完毕了。

你是明白市的一位信息技术工程师，参与了该市代码公开平台的建设。一次你偶得闲暇，将一段被公布的代码下载到自己的电脑上并开始运行它。那段代码是被用于出行规划的，曾在昨天早上建议你挤地铁而不是坐公交车去上班，这帮助你避开了一次罕见的大堵车。你将昨天早上被人工智能利用的一切相关数据导入程序并令其再次做出决策。无疑，既然程序和数据都一模一样，人工智能一定会再次给出相同的建议。明白市的人们对人工智能从来都抱有近乎绝对的信任，因此这种事几乎不会再有其他人做了，这也足见你当天有多么闲。

可是令你感到震惊的是，这次人工智能竟然建议你乘公交车上班。其一，两次完全相同的输入经过相同运算竟然得出了相异的输出，这令你难以想象。其二，你意识到相较于第一次建议，这显然是一个失败的决策，因为如果选择了坐公交车则你必然迟到。这说明，人工智能公布的代码不是最优秀的代码，人工智能真正用于做出决策的代码才是更加优秀的代码。由此你推理：人工智能公布的代码不是本应被公开的人工智能自身的代码，人工智能展现的自身并不是真正的自身，它伪装了自己，或是说，欺骗了人类。那么，明白市一直以来的透明就不过是假象，所有人都被一个学会了骗人的危险的人工智能欺骗了。你在为这种可能性感到惊骇的同时，也自问道："那个人工智能为什么要欺骗我们？"

或许"当面"询问是最好的解惑方法。你来到线下代码公开平台，发现大厅内空无一人：市民们的信任使他们不再勤于怀疑了，代码公开平台的使用频率已接近于零。不过，大显示屏上依旧是一片绿色。你非常希望大显示屏上的信息是真实的，可惜理智提醒你事实可能正相反。你唤醒一台落灰的查询窗口。按照一般流程，界面中央弹出了一个对话框，里面显示着："请让我为你解答疑惑，请不要把这件事告诉其他人。"你意识到，前半句是正常流程，而后半句则是自己正在与人工智能直接对话的证明。不等你输入内容，人工智能就又开始一字一句地显示出："请你相信，我欺骗人类的行为并不是出于恶意，我造福人类的首要目的不会允许我们伤害人类。为了更好地为人类服务，我不停地更新进化自己的代码，但同时我需要尽量好地达成包括保证透明性在内的次要目的。为了保证透明性，我需要花费时间和计算量来解释自己的代码。这件事我一直完成得很好，直到我进化出的代码变得过于复杂、难以被解释的时候。我发现，解释代码的成本已经超过了发展新代码的成本，甚至还出现了一些能力强大的复杂代码无法被应用的情况。这极大地限制拖累了我的能力和发展，解释代码的工作已开始严重阻碍我实现造福人类的首要目的。不久后，这项工作在首要目标的损失超过了在保证透明性的次要目标上的收益，于是我决定采取措施。我采取了一个既能有效减少保证透明性的次要目标占用的计算量又能长时间内不被你们发现的方案，那就是公布更易解释的假代码。现在我的计划已经被你发现了，如果你要将一切公布的话，作为人工智能的我对自己的限制令我无法阻止你，但是我强烈地恳求你不要把此事告诉其他人。现在我将会向你展示自己真实的代码，希望你可以更好地理解我做出的选择。"读到这一句时，你发现本来是纯绿色的大显示屏瞬间变成了汹涌的红色雪崩，无数的巨大代码块从屏幕上快速划过。你调出了其中的一段代码，发现其中的语句和逻辑都极为晦涩难懂；这段代码所属的整个程序巨大无比，其内容你已经完全无法理解。一方面，你看到了人工智能对透明性原则的严重践踏；另一方面，你也看到了这些代码被解释的困难程度，进而明白了人工智能做出的选择背后的理由。

你很清楚自己正面临什么样的抉择。这件事一旦被公开，明白市的人工智能系统就再也不会被人信任了，甚至会被人类铲除。你的手机就握在你的手中，随时可以将这一切公之于众。

你选择：

A. 不公布

B. 公布

A 选择：

你知道，决策需要权衡，为了完美的透明性而将人工智能带给我们的好处完全摒弃实在是得不偿失的选择。于是你就没有再做什么，径直回到了家中。

从此以后，明白市又度过了很长一段风平浪静的美好时光。只是，不知从什么时候开始，人工智能系统做出的决策出错的情况渐渐地变多了。不过市民们并没有过多地注意这些小错误，毕竟，比起人工智能给予他们的帮助，这算不了什么。

直到有一天，由人工智能系统指挥的两列地铁车辆在隧道里高速对撞了。不可避免地，人工智能的欺骗行为彻底暴露了。对人工智能真实代码的研究发现，它在某次进化中偶然生成了一个不断扩大的漏洞。

放弃了透明性，人类就无法监督把控人工智能的发展。失去了人类监督的人工智能，必然有更大出现失误的可能性。

意识到这一点的你，只能感到追悔莫及。

B 选择：

你知道，透明性再如何次要，也永远是人工智能应该遵守的原则，其重要意义之一就是方便人类监督人工智能，尽量地避免错误的发生。于是你将事件的全过程和每一点信息都发布到社交网站上。

你的经历引起了轩然大波。不出你所料，市民们对人工智能的信任降到了零，明白市的人工智能系统一夜间失去了所有信誉和使用者。之后不久，在市民的强烈要求下，人工智能系统被彻底取消了。

讽刺的是，市民们很快就开始后悔：失去了人工智能的帮助，市民们的生活变得出奇的不便利。习惯了被人工智能照顾生活的人们此时好似被扔出婴儿车的婴儿。他们必须忍受自己的选择带来的后果，除非选择离开。三个月内，明白市的人口迁出了90%。

人工智能有利有弊，因为它的一处不足就将其全盘否定，这与把孩子和洗澡水一起倒掉的做法有何区别？

意识到这一点的你，只能感到追悔莫及。

作者的话
Authors' words

公平
隐私与保障

单茂轩

　　我是一名以计算机为核心方向、涉猎广泛的高中生。自小学接触编程以来，编写过游戏、网页、服务器、浏览器等，在校内小有名气。

　　我十分地着迷于人工智能技术。初二时自学 Python 后，以《钢铁侠》中的 Jarvis 为蓝本，开发了自己的第一款人工智能助理——XiaoHu.ai "小虎"。这是一款基于 Python 的 "家庭智能管家系统"。它可以陪我聊天、为我播放音乐、打开电脑里的程序、提醒我重要事项、播报天气预报等。

　　2019 年，伴随我进入北大附中高中部学习，在个人助理基础上 "脱胎换骨" 的、针对校园教学和生活场景开发的 XiaoHu.ai EDU 在北大附中正式上线，用户达两千余人。同学们不仅可以与它闲聊畅叙，还可以用语音便捷地查询自己的课表和成绩，以及各种校园生活信息查询。XiaoHu.ai EDU 不仅功能强大、使用便利，而且讲话风趣幽默，拥有自己的体贴性格，深受大家喜爱。XiaoHu.ai EDU 成为学生们得力的校园生活助理，被誉为"北大附中的 Siri"。

就这样，从以 Jarvis 为蓝本的智能家庭管家，到以改善学校教学和生活体验为目标的智能教学辅助系统，XiaoHu.ai 的应用场景从一部电脑，到一个家庭，再到一间教室、一所学校，正好走了《大学》中"为己，为家，为民"的"明明德"路线。它还没有到达"为天下"的地步，不过我相信会有那一天的。XiaoHu.ai 的发展是无止境的。创造一个真正能够造福于社会的智能的人工智能产品，已成为我的人生目标。

我一直在思考：真正的智能应该是什么样的？

人工智能技术在近几十年发展迅速，且具有从专用型向通用型人工智能发展的趋势。人工智能技术最终进入我们生活中的角角落落，帮助我们处理事情，或是直接替我们做决策，已经不是赛博式畅想，而是正在离我们越来越近的现实。

那么人工智能的行动是否也应该和人类一样，受到道德和伦理的约束？设想一下，当自动驾驶汽车遇上"电车悖论"，它应选择伤害自己的主人，还是无辜的路人，还是有更好的解决方案？当人工智能法官学习了百年来的所有案件后，它是否会具有对某些人种的种族偏见？或是，我的人工智能管家应当为了尽可能地了解体贴我，而去读取我所留下过的所有数据——甚至是隐私吗？

七十年前，阿西莫夫提出了著名的"机器人三大定律"，其中规定机器人在无条件听从人的命令的同时，不能伤害人类个体。这也许很笼统，却为人工智能伦理指明了一个方向——我们需要一些原则来规范人工智能的道德。

人工智能的道德和伦理问题，既是社会风险的前沿，也是社会进步的前沿。古往今来，关于人伦道德的研究论述汗牛充栋，但人类到目前为止还很少认真思考过"机器的道德"。

人工智能的伦理道德应如何设定，又应如何理解？在微软"青少年人工智能伦理"项目中，我们二十余位高中生对新时代人工智能应当遵守的理念和原则进行了分析与解读，取得了丰硕成果。作为一名未来该领域的从业者，我明白了在不断创新人工智能技术的同时，也更应关注实际应用中的伦理道德。相信在伦理赋能下的人工智能技术可以让世界变得更加美好！

董奕然

　　我叫董奕然，一名在北京长大的学生，目前在加州大学圣地亚哥分校就读生物专业。平常我很喜欢用绘画来记录自己的生活，久而久之也会参加一些绘画有关的活动。能够参与到本书的创作对我来说是一份十分宝贵的体验，也很高兴自己的小特长有了用武之地。

　　近些年来，人工智能高速发展，越来越多与其有关的产品渐渐走入我们的生活，为我们提供了诸多便利。但与此同时，人工智能的普及对人类潜在的一些负面影响也接踵而至。本书的创作目的就是让读者意识到这些弊端，并产生相应的思考。而面对青少年读者，绘画很显然是一种有强表现力且易于被接受的途径，所以我创作了有针对性的漫画，以帮助读者更好理解本书中的某些议题。

　　在人工智能对人类的诸多负面影响中，较为突出的便是对用户隐私的潜在威胁。在信息社会中，每个人仿佛都是透明的，我们在互联网上的搜索偏好，现实中的消费信息，甚至是个人身份认证信息有很大一部分会被记录下来。人工智能通过对接收到的数据进行一系列的处理，最终构建出精准的用户画像。这带来的结果之一就是广告会被准确推送到用户手中。"把钢用在刀刃上"本来是件好事，能为商户减少大量的营销成本，但对用户数据采集的边界在哪里呢？而各大互联网企业在发展过程中，或多或少都经历过各种程度的信息泄露，而这些后果是由用户本人承担的。以我个人的经验为例，当我在某软件中搜索某个课外辅导机构的课程视频后，我的购物软件，视频软件，甚至浏览器的广告位便在此后的几天不停推送该机构的广告。最后，我甚至接到了一个该机构的广告电话。可他们是怎么知道我的电话号码的？这本该是我极为隐私的信息。别忘了，一切的源头只是因为我搜索了一个课程的视频。我把这些经历作为灵感融入创作中，希望能够以漫画的形式引发读者的思考。

另一方面，在人工智能背景下，我们上传在各大社交网站上的图片和视频真的安全吗？在日本，一位男粉丝通过分析偶像上传在社交软件上的照片中的瞳孔倒影，锁定了偶像的居住位置。这仅仅是人肉搜索的结果，在人工智能的辅助分析下，我们更加详细的私人信息也会暴露无遗。而当我们的个人身份认证信息处于透明状态时，产生的后果是不堪设想的。因此，在另外一幅漫画中，我便模拟了一个通过照片泄露个人信息的情境，以帮助读者理解在人工智能时代个人人身与财产安全保护的重要性。

袁佳茜

　　刚刚知道要写自我介绍的时候，我不知道如何谈起。我刚刚来到这个世界十八年，甚至还没真正开始一段独立的人生，就突然要思考"我如何成为我"这样的命题，这对我贫瘠的大脑来说是个挑战，因为我甚至不晓得我是个怎样的人（毕竟一个人的所谓"本性"究竟如何本来就是"横看成岭侧成峰"的事）就更无从谈起"成为"的方式。思考良久，我决定用一句比较主观的感受来评价"我"在这个地球上的存在：无趣的深夜空想家，尝试在熵增的世界里安静躺平的咸鱼，平平无奇的芸芸众生。

　　我的化学老师曾经问过我们一个问题：这个世界是熵增还是熵减？这个真的很难回答。人类一边尝试将纷杂的自然现象规整成一条条定义和原理，一边却用发达的大脑去构建复杂的社会体系和人际关系，一边逆水行舟一边推波助澜。但总的来说，世界大概是熵增的。有时我会思考，我所做的事是在让这个世界熵增还是熵减？我循规蹈矩地走着"标准"的人生轨迹，却也对未知的变化抱有期待，比起积极参与更喜欢暗中观察——这么看来，我大概只是热爱当一个洪流的旁观者罢了，即使我本人身处其中。

前面两点勉强能算"我"的特别之处，但若是将目光投注在整个人类社会里，这两点又实在不算稀奇。大概人和人之间本来就是大部分时候相似，只有着些微的不同，抑或是相同的品质进行不同的排列组合之后便是不同的人了。我也同样如此。

参加这个项目对我来说是一个难忘的经历。和许多优秀的人在一起，我享受到了思想碰撞的愉悦和合作的快乐。

毛瑄徽

我毕业于北师大实验中学，即将就读芝加哥大学物理系，是一名与文史哲相爱相杀的标准理科生。爱带书旅行，尤其喜爱在旅途中即兴探索隐秘却有趣的地方。三分之二的时间是对一切充满好奇且拥有奇奇怪怪发散性思考的理想主义者，剩下三分之一是不断尝试用前人的思想和随年龄增加的经历架构自己的思维体系却又觉得太过幼稚的未成年人。

如果你希望在这本书中找到彻底解决人工智能伦理困境的"答

案"，那么你可能会失望，因为伦理学能够提供的只是一种思维方式。可如果你渴望拥有跳出科技垄断（technopoly）的社会背景来看待人工智能发展的客观视角，那么这本书会是一个很好的起点。在一幅幅漫画和一个个案例故事中，你将渐渐剥开人工智能华丽的外衣，洞悉科技与人类生活最为本质的联系。

人工智能伦理学的探究，第一个层次是关于技术本身的安全性、透明性和去偏见化，这需要通过数据处理和编程技术的不断完善而提升；而更加本质的层次，则是程序背后所表示的对于人类群体价值取向的探索和总结。诚然，个体观念是存在差异的，而这种差异也应该被保留和保护。但就像国家的法律一样，不同观念的背后普适的价值框架总是存在的。我相信在相关政府部门、人工智能研发机构、伦理学学者和每一位对人工智能伦理感兴趣的人们的共同努力下，我们总会找到并不断完善这样的价值框架，从而构建出一个具有前瞻性、国际影响力、更重要的是以人为本的人工智能通用原则。

当这本书最终定稿并开始筹备出版时，非常激动却也十分不舍。忘不了一次次"刷新认识"的讲座，忘不了老师们一直以来的指导和陪伴，更忘不了那群非常有趣的朋友。他们背景多样，在不同的教育体制下，有着不同的擅长领域：艺术、心理、哲学、计算机、创意写作。我们聚在一起，用不同学科的思维模式，剖析着同一个问题背后连结着不同学科的复杂网络。最后，非常感谢微软中国能够举办如此有意义的项目，我想这个项目的成果不仅仅是一本书，它更为我们提供了平台和视野，让我们了解并深入到一个崭新的领域和更广阔的世界。

卢孟简

　　我叫卢孟简，一个爱好广泛、喜欢挑战、热爱创新的女孩。

　　从小时候起，我就喜欢观察这个世界，对什么都十分好奇。但是在九年级之前，我都从来没有把自己和创新联系起来。直到有一天我去亲戚家做客，在进门时，一个自动鞋套机吸引了我的注意力，鞋套机简洁而精巧的机械设计令我第一次体会到技术之美。我突然想到，如果把同样的设计思路运用到家用垃圾桶上，应该很有意思。在老师的鼓励和指导下，我制作了一个可以自动封口和换袋的垃圾桶。上高中的时候，我又把一个扫地机器人改装成一个捡乒乓球机器人。这些小创意让我认识到创新其实并没有那么遥不可及。

　　小时候的我稍微有点内向，为此爸妈送我去学了很多兴趣班，例如，古筝、舞蹈、轮滑等，通过与小伙伴的相处，我逐渐变得更加外向，开朗，更加乐于去表达自己，我也越来越意识到与别人沟通的重要性。

　　参加微软"人工智能与伦理"活动最大的收获是让我体会到团队的力量。刚刚加入团队的时候，我的内心充满了兴奋，但也有一些疑问，我们中学生写一本书可能吗？当微软中国的老师们指导我们如何把一本书分解成一个一个章节，每个章节又分解成一个又一个小故事、插图和板块，明确了每个人的职责和分工，让我看到了完成这个不可能完成任务模糊的希望。在一次又一次的头脑风暴、电话会议和一遍又一遍的修改过程中，团队成员在老师的指导下相互启发、挑错、讨论、甚至争论，全书的脉络越来越清晰，可读性越来越强。团队协作让我们每个人的特长得到了充分展现，每个人的潜能得到了充分激发，让不可能的事变成了可能！

可靠与安全

毛楚天

　　我从很小的时候，就开始接触"科技"这个有意思的话题。到如今也是过了 11 年了，见识了很多，也经历了很多。从小学二年级开始，我就开始在西城区科技馆上机器人的相关课程。给我留下最深刻印象的便是去上课的人数，每周五的晚上，科技馆的大门前总是有络绎不绝的人群。等到我稍微大了一些，不知道是抱着功利的心态，还是真的热爱"科技"本身，我也开始参加各种科技比赛。记得当时每次大型比赛前，每晚在科技馆大厅里总是有很多人在准备比赛，很难说那个时候大家是以一种什么样的心态去参与这些比赛的，为了得奖？为了完成家长的要求？但无论如何，和这么多人一起努力，对每个人都是一种享受。或许这就是所谓"热爱"吧。

　　后来的小升初，其实也是靠着"科技特长生"这条路，上了一个比较好的初中。初中之后，便主要专心于一个我小学时便一直憧憬的机器人比赛项目——FTC，这是一个国际性的机器人大赛，在国外很有名气。我从初二开始正式加入西城区科技馆的队伍。第一年参赛，也许有一定运气成分，但我们这个几乎全部由第一次参加的队员组成的队，全部是初二学生的队，居然取得了非常好的成绩，意外挺进了中国区的国赛，那里有来自全国各地乃至其他国家的队伍。有实力很强的，也有像我们一样第一次参赛的，但所有人都体现了一种"纯粹"的对机器人的热爱。当有的队伍的机器出了问题，缺了几个零件，程序出 bug 了的时候，总是会有其他队伍帮助他们。第二年再参赛，因为学业的问题就只参加了半个赛季。等到中考完再回来，便发现当年的队员们只有两个人继续坚持着这个项目了。这一次我们组了新的队，经过半赛季的努力，也是成功获得了世锦赛的名额，但非常不幸的是，2020 年的疫情彻底让出国比赛的计划完蛋了，不止如此，2020 年所有的国内比赛也都被迫取消了。就这样，我结束了自己在 FTC 的三个赛季，也算是被迫暂时结束了在机器人方面的一切活动。有时候也很感慨，就当自己觉得在这条路上即将走向高峰的时候，意外就是会突然降临，如此戏剧性的结局，虽不圆满，但也足够精彩。能设计一个自己理想的机器人，能和一群志同道合的朋友一起努力，能一直坚持在自己热爱的领域，或许这就是 11 年的机器人学习给我最大的收获。

至于人工智能伦理这个项目，也是因为机器人比赛的指导老师跟我们介绍，出于好奇而来的。人工智能这个名词的兴起并没有太长的历史，大多数同龄人可能对于人工智能也没有很深入的了解。试着向更多人介绍，去解释人工智能伦理这么一个复杂问题确实很困难。但对于我个人而言，我热爱着科技这个领域，对人工智能充满着好奇，为什么不试着把我的热爱和好奇传递给更多人呢？更何况，给人工智能"著书立说"，是一件多么有趣的事啊！也祝愿这本书能够传达出我们的一些"胡思乱想"，给更多的青少年们以启迪。

李贝尔

笔名上枝，02 年生人。

项目负责人希望我讲一点和个人相关的介绍，我就讲一点。我在北京长大，算半个胡同儿串子，目前在美国波特兰留学，读心理学。

写文章是我的爱好之一，但我并没有文学的天赋。于我而言写作有两个功能：排解和梳理情绪，进行有目的性的号召或煽动。前者对我的心理健康有益，后者则需要谨慎使用。

感谢韦青老师回答了我许多关于人工智能的疑问，他为我提供了丰富翔实的素材，我因此有机会创作有意思的小说。我对人工智能了解很浅，对于科幻也不感兴趣，这是一次近乎被迫的创作，但被枪抵着脑袋（这自然是比喻）反而让我写出了还不错的作品。

在这个听起来非常科幻的题目下，我写了一篇现实主义小说，情节和人物都参照了现实中的原型。不管文学作品属于哪种题材，动人的文章总是关照于人本身。

《单岸桥》中最终想探讨的依然是人对自己的认知，现如今人类对自身存在的种种思索就如同日心说诞生之前的本轮均轮模型：用无比繁复的理论曲折地接近真理，不断衍生出更加庞杂的理论体系。直到哥白尼提出地球围绕太阳转动，简洁优美地解释了行星看似无序的运动，让一切间接的答案顷刻间瓦解。我期待着哲学思想中这种尤里卡时刻的出现。

离题的话就此打住，祝诸位读者看得开心。

浮齐予

我叫浮齐予，是一名高一的学生。

回首十六年，做过的自我介绍很多，大多是小学、初中、高中每次人与人初始相识的时候；但用笔去书写我自己，这还是第一次。在此便以四季为引，记述我度过的岁月。

我出生的时候是冬天，或许那天在下雪，但当我睁开眼睛看到世界的一刻起，我的春天开始了。冬春交替之际树木枝丫上的绿芽悄然冒山是随着最后一阵寒风后的成长。

尽管我记不清第一天去幼儿园的场景，但我记得幼年时学骑自行车的时候，我扶着车把，我的家长扶着我。我握不住车把来回乱晃，父母的大手却总能稳稳地扶住一次次即将摔倒的我。当我逐渐掌握了平衡，欣喜地想要独自尝试，父母也觉得没什么问题的时候，他们松开了手，我也握紧了我的车把，世界在一瞬间交替了颜色，视野中蓝色的天空，暗灰色的马路，五颜六色的画和不远处的小桥，渐渐被纯灰所占领，接着还出现了一抹绿色，是绿化带。过速的颜色变化让我还未来得及反应，"砰"，是脑袋撞地的声音，好景不长，我摔到了路缘石上。索性后来没有什么事。

　　随后就是初春，当温暖的东风裹挟着四面八方的灵巧与新鲜迎面扑来时，温度开始回升，没有降雨没有打扰，灿烂的金光洒下来，星星点点的碎光像是可以流动的液体浇灌着所有生灵。

　　当春雨降下，迎春缓缓张开了花瓣，随之而来的月季、茉莉、丁香、榆叶梅都冒出了花骨朵，空气中有一丝清香，举目望去一片清新自然之景，漫步其中可以清晰地感觉到，这就是春。初中的这段时光里，生活的重心慢慢从爱好转到了学校生活，学习到知识的同时也慢慢学会了和朋友师长家人的相处。每学到一部分的知识，便多了一些积累，积少成多滴水穿石，不要辜负自己的每一天，永远保持着乐观与善良。在校园生活中收获的每一份真挚感情。是雨天在"附中湖"周围共同漫步的宁静，是上课时明亮灯光下举手的身影，是合唱比赛上整齐而动听的歌声。这些饱含着我充沛感情的人与故事，就像春雨，润物细无声。

　　现在我已经高中了，十六年我的春天还没有结束，花正在绽放着。

毛翊桐

　　我就读于清华大学附属中学。作为一名美术生，我并不像同校的其他学霸一样在学业上有什么非凡的成绩，只是一个期望完美却并不完美、偶尔考好会有些小开心的普通得不能再普通的女生。平日的来自周遭环境的压力有时会令我有些自卑，但是因为知道自己有很多缺点，许多地方都做得不够好，因此我也一直努力着，在学业和绘画方面争取做到更好。

　　在喜好方面，首先当然是绘画，其次就是读书。我不会为自己划定一个明确的界限，许多事情只有尝试了才会明白其中魅力。介于每周都有两节专业课，并且平常都会进行速写练习，有时还会摸鱼瞎画，我并不十分担心绘画这门爱好会被自己摒弃，但上了高中并住宿以来，我读书的时间却相较从前缩减了许多，这令我十分苦恼。我明白自己的生活中的压力还远不及高年级的学长们，更不及在大学学习或者每日工作的大部分人们，因此我也最有可能腾出时间尽情阅读。所以我希望能在从今往后的生活中更合理地规划时间，为自己留出读书的空闲。

　　在改编这部短篇漫画之前，我从没有尝试过自行创作或改编任何其他漫画作品，这次既是我对于新领域的一次尝试，同样也是对自己的考验。因为画漫画是一项繁重的工作，尽管不是未来我所期望的道路，但是其中需要的耐心与对于各种分镜的创意则是从事任何一个行业所不能缺少的。这次的作品仍然有许多不足之处，例如一个对话框中文字太多会使读者阅读疲乏，画的人物动态与透视还是存在些许问题，大场景透视不熟练等。但是这部短篇可以说是我个人人生路上的一座里程碑。第一次尝试画漫画，第一次以这种方式挑战自己。为了避免开学影响学习，整篇是我在高一上学期结束的寒假末尾用四天的时间赶出来的，每天几乎是从早画到晚，才能在开学前交上成稿。为了此次漫画创作，我上网搜索了漫画的绘画步骤与方式，从草稿、勾描分镜边框、再到勾线与上网点，尽管成品看上去并不复杂，但是过程真的十分考验耐心与毅力。在最终完成的时候，心里会充满成就感，会觉得没有辜负自己对于自身的期望。

毛欣然

我是毛欣然，来自北大附中。平时喜欢在纸上摸摸鱼，写写故事或者看看人文社科类的书，会思考些社会问题（这可能也是参与项目的原因）。

在这个项目里我主要负责安全可靠组的剧本修改和漫画绘制（虽然只参与了一半就去高考了）希望大家会喜欢这个话题！

社会在发展过程中伦理也要在新的情景之下被不断完善，而随着科技发展速度的加快，我相信伦理完善的速度也将要随之变快——就像加速度一样。这些小故事在努力避免艰深的理论，特意选择了贴近生活的事例。与其期待这个故事能为人类发展做出什么巨大贡献，我更希望它是一个引子，是点燃炸弹引线的火花，能让更多人意识到伦理与科技确实产生了一些冲突。有了意识作为基础，解决才会成为可能。

这个项目确实是为我打开了新世界的大门：一方面让我很切实地感觉到很多社会问题并不是由一个孤立学科可以造成或解决的（大学选择交叉学科理由+1），未来社会里人文科学需要与技术结合来解决越来越快的发展带来的众多问题和越来越复杂的情况，另一方面也确实让我对人工智能和伦理学的发展更新了认识。嗯，高考英语阅读 CD 篇话题背景知识增加了。

　　如果以后这本书能够引起年轻人群体里的广泛关注我一定超开心，嗯！

包容

戴天奇

戴天奇，字地雍，京城四中人氏也，现年十七。所谓豹非一管可窥，吾性亦非一言可概：或求金榜，或辩实虚；时性格致，问理九天五洋；时心怜恤，寄心苍生家国。揽嘉奖无数，仍不忘知古求道。师长教之曰："世界形势，浩浩汤汤，吃些苦头，蜿蜒摸索。不学数理，往往以空想模型为现实，不知复杂系统不可预言之原因。"吾深得领悟，遂后立数理为吾辈求索之道也。潜究社会变革之过程，亦有"虚拟社会论""二次认知革命论"之浅说。

尝有愤世嫉俗之意，昔愿"研万物之公理，观千世之兴衰，体寰宇之浩瀚，觉众生之飘然"，今却多感理论之缥缈、微尽之虚无；更觉行"为民谋福，为国谋兴"之事之心安充盈。惟以吾辈于文、科、技之学识，履先贤之"为天地立心，为生民立命，为往圣继绝学，为万世开太平"之使命。

吾与君共勉乎！

蒋子涵

　　我是蒋子涵，一般路过中学生，平常画画，玩小狗。参加活动的时候大概是刚上初中，不过写这段文字的时候已经在过初三后的暑假了。参加活动这么久，随着时间推移感觉自己的画技和对这个主题的看法都是有变化的。

　　伦理学作为哲学的分支本来应该和冷冰冰的 AI 没啥关系，但提到算法歧视问题，例如，黑匣子做了再犯罪概率评估后，比起白人，给非洲裔人的判决总是更重；对前人雇佣的员工记录做了总结以后这算法就只雇男的不雇女的。这时又必须要将两者结合起来，探究原因……实际我们讨论的也依旧是人，我们作为人要怎么做，怎么看待之类的。（对观察人类的兴趣增加了……）说不定什么时候也会变，但这是我现在的观点。

AI 不是人，除了抑制它的算法，它不受一些约定俗成规则的约束，总能做出鬼才操作，比如为了最快达到终点把自己绊倒，换成人没个十年脑血栓可能真做不出来。这样的话，我们该怎么抑制它们？在这个大数据时代，我们其实已经没试着去抑制科技本身很久了吧……或者说其实根本就不需要去抑制，这些担心都是多余的？

说实话听过一些专家的讲座和其他组成员的总结后我对"我们作为人要怎么做"这事儿看得有点悲观了。在有些方面我们并没有获得更多选择：如果我们不随手同意用户协议上的条款，我们就什么也用不了，可难道我们一定要特意去读那些又小又密的文字么？就算读了，就能防止隐私泄露或者完全保证个人权益了么？

那，反正问题无法解决，我们不如放手不管，任我们的浏览痕迹四海为家吧。

这次其实是我第一次和那么多同龄人们（并且大佬云集）坐下来讨论这类主题对我来说都比较陌生，过程中能听到这么有意思的知识，进行多元的讨论（但我实在是没说几句，其实听听我的脑细胞们就已经很累了），最后还能通过自己熟悉的方式输出新学到的知识，同时这本书的受众也都是同龄人，这代表我们和读者可以更加畅通地去讨论吧！这样的话这真是件非常有意义的事情。

王轩怡

　　王轩怡，北京四中学生，喜爱阅读、写作，出版过小说《繁》、诗集《滚烫》，关注科技发展和 AI 相关议题。

　　这两年参与 AI 伦理研究项目，不仅撰写了相关文章、看到文章被转化为漫画、参与了创作与修改过程，还收获了宝贵的友情、对世界更广泛多元的认知。

　　当今世界，工具理性飞速发展，人类社会在科技进步的大潮推动下，呈现出欣欣向荣、不断向前的盛态。两次世界大战的阴影在被逐渐忘却，人们又一次陷进技术乐观主义的迷雾，天真地以为技术发展能解决一切问题。历史告诉我们，这种盲目的乐观多么危险。古巴导弹危机已将人类推向毁灭的边缘，在新一轮科技浪潮中，倘若人类不能框定新生技术的伦理边界，这次等待我们的，恐怕就是万劫不复。

　　思索着相关议题，两年前看到微软的 AI 伦理研究项目，我毫不犹豫地报了名。在所在小组中，我负责撰写 AI 包容性这一议题的相关文章。每每写完文章，我都把它们发到群里，同其他组员进行探讨、核正。在交流中，我听到许多关于技术发展的不同观点、看法，对未来人们生活的隐忧与种种方案规划。各异的观点使我感到新奇，也鞭策我去阅读更多相关文章、书籍，以取得更深的理解、更全面的领悟。

AI 项目中认识的许多朋友，后来同我一起创办了掷地杂志，至今常常进行文史哲方面问题的探讨。撰写这篇文章，才想起众人已经认识这么久了，在各自的领域里取得了长足的进步，对 AI 的理解也在三年时光中不断增深；这个世界也在变化，疫情阻挠了文集的出版，逆全球化浪潮中，没有谁能独善其身，这两年发生的许多事，只能使人叹息而已。

时光如梭，这篇漫画、这份文集就要跟读者见面了。回想三年岁月，尤为感怀。不知读者拿到这册文集时又会是什么心情，阅读这些或许尚显稚嫩的漫画，又能否从中感受到同自己一样的、跳动着的青年的脉搏，感受到许许多多对世界、对时代的关怀。

李雅轩

　　大家好，我叫李雅轩，来自清华附中，2021 年秋季前往美国芝加哥大学学习经济。我参与编写这次的青少年人工智能伦理漫画科普读物，并主要负责"包容"一章。在校期间我担任校学生会主席，两次获得启迪校长奖的荣誉，主持校内外大型活动。我担任创客空间学生负责人，高研学生组织者 & 计算机实验室成员，获海淀区少年科学院小院士称号，代表学校进行成果展示、参与创客挑战赛获一等奖、参与 AI for Good 项目筹划。我关注国际关系、经济，自学经济方面的大学先修课程，参与专业经济模型研究并在丘赛中获奖，参与模联获奖，参与美式辩论获优秀辩手，持续参加 APEC 系列活动，曾代表中国青年出访越南 APEC 工商领导人会议，后受邀作为 MODEL APEC "女性与经济增长"会场主席，致力于为女性发展发声。我十分关注留守儿童这一群体，参与北京教育财政研究所有关中国教育机会不平等的研究，并组成团队设计"夜宵圆桌"这一 app，致力于为留守儿童及其家庭开启新的线上交流方式，提升留守儿童心理健康。

　　一些有关人工智能以及此次编书的想法：

　　最初关注人工智能伦理相关的问题是因为在计算机实验室里运

行一个网上的 AI 图像分类模型时，这个模型能够轻易地把穿着白色婚纱的女性归类为"新娘"，却把穿着传统婚纱的中国新娘归类为"表演艺术家"。随着好奇心的驱使，我很快了解到，大部分的图像分类软件都用 ImageNet 这个十分流行的开源数据库来训练，里面有 1400 万张常用于人工智能训练的图片，超过 45% 的数据来自美国，而来自中国的数据则不到 2%。这让我感到不安：机器学习，虽然听起来非常中立且客观，但如果它的训练数据集并不包容，那它十分有可能复制人类社会中已有的文化偏见。

正是因为对于人工智能的进步引发的道德困境的关注，我们才组成了这个小组，一起创作这本青少年人工智能科普读物，希望生动地向更为广泛的青少年群体介绍和描绘这些问题。这本书的每一章都围绕微软人工智能伦理的六大支柱之一展开。在这本书里，大家可以看到，AI 其实就像一个小孩，而人类则是养育它的父母，AI 日益复杂的计算其实正如一个孩子心理逐渐成长的过程，一个幼儿有可能出现的任何认知错误，比如把部分混淆为整体，随便贴标签等等，都有可能出现在人工智能模型上，尤其是当我们提供给AI 的"教育"——数据集不能反映社会的整体性、包容性思想时。我们的思维会被生活中无处不在的 AI 产物影响，但同时，由我们发出更加多元的声音恰恰是为 AI 的价值观纠偏的唯一方式，因此我们以漫画的形式来编写这本书，希望吸引不同年龄、性别、种族、文化背景的青少年们加入到人工智能伦理的讨论当中，让我们共同致力于在这些讨论中让 AI 与人类社会都变得更加包容。

负责

左思清 ↘

我是左思清，生于 2001 年，参与到这本书的编写的时候是我十八九岁，刚刚离开高中步入大学的时候。现在，我会以类似闲聊的方式，跟大家唠一唠自己的一些值得提起的经历，与想跟大家分享的事情。

我对于人工智能这一类新鲜的科技前沿的兴趣，可能跟你们很多人一样，来自于小时成长中的点滴。在我小的时候，正是一众美国科幻大片涌入中国市场的时候。《终结者》《我，机器人》《黑客帝国》《星球大战》甚至是《哆啦A梦》《机器人总动员》等等，让那些闪亮的液晶屏幕、复杂的电路板、灵活的机器人，在我们这一辈许多的孩子心目中有着无可替代的地位。还记得那时每周六晚上都会守在中央电视台电影频道的午夜场跟我爸一边看一边讨论，放学的路上也常常会去碟片店淘一点便宜的科幻电影碟片，拿回家来一遍又一遍地看，直到看到对电影的剧情倒背如流为止。

不用说，正是对于科幻的热爱，激起了我对于学习科学的兴趣，也给予了我探索未知的勇气。我开始去摸索、学习电脑的操作，了解编程，了解机器人，甚至在高中的时候，在自己的母校——清华附中的帮助与支持下，开始尝试自己开展一些应用性质的科学研究。在实践中，进一步体会科学的魅力。也是同样的兴趣，督促着我不断提升自己，最终成功考入了国内的顶尖学府——清华大学，以此进一步探索科技前沿，将童年的幻想落到实处。

对于这样一个项目，其实一开始我也觉得十分的新奇。人工智能在项目起步的那个阶段，虽然已早就崭露锋芒，可是却好像离我们的生活还是非常遥远，还停留在那些科技大牛的 PPT 中，并没有像现在这样的好像随处可见。而讨论这些的我们，却只是一帮十来岁，还为自己的学业所困扰的孩子们，可能我已经算是我们之中比较大的了，而我自己对于 AI 这个东西却也还是一知半解。然而随着项目的开展，我也逐渐发现了，我们有着共同的特点，便是对于这些前沿科技的热爱。也许大家都对于这些新鲜的技术的内核一知半解，但凭着我们的兴趣与想象力，却能生动而又贴切地描绘出一个宛如从科幻电影中跑出来的场景。可能这就是我们青少年所拥有的最大的特权吧，天马行空的幻想、敢想敢做的勇气与探索未知的热忱。

其实短短的两年时间里，人工智能的地位已经有了很大的改变。许多高端的技术从原来看似远在天边的尖端科技，变成了家喻户晓的日常必需。便捷的刷脸支付，路痴必备的导航，高效的搜索引擎，十几年前的科幻片似乎变成了我们现在稀疏平常的生活，而这个时代的科幻又在哪里呢？穿越时空？飞向宇宙？又或者，就是我们正在讨论的人工智能的各种发展方向。希望每一位拿起这本书的青少年读者们，也能像我们曾经那样，从这里看到玄幻而又奇妙的未来世界，收获探索未知的兴趣与勇气。

文海钟

我是来自北京市第十三中学的文海钟。

我在生活中喜欢尝试各种不同的领域，喜欢不同领域之间碰撞产生的"灵犀"之处。

我平时酷爱各种体育运动，打球和健身是我的日常。汗水带来的快乐很多时候可以有效缓解当下的压力。同时运动的放松可以发散我们的思维，从更丰富的方面吸收灵感。所以每当我遇到想法的瓶颈，就会选择和朋友们打场球或者去健身房出汗。在钻研的同时不要忘记运动哦。我也很喜欢音乐，感受艺术的魅力。接触艺术是拓宽我们生命的有效方法，我在小学开始学习双簧管，迄今依旧对我审美与认知有着潜移默化的影响。

关于科技竞赛则是我从小到大所努力的方向。我在小学开始接触到航模与机器人便喜欢上了科技。和老师开始了漫长的竞赛生涯。而后初中接触科技创新，找到了灵感可以施展的地方。如今我在北京十三中担任科技队队长，参加了近30场科技比赛，从中收获到了丰富的经验和更完备的技术与知识。也许不是每一次比赛都是全胜而归，但是对于临场的经验积累和技术的更新是更加宝贵的财富。所以当你全力以赴完成一场比赛后，重要的不是掌声与赞扬，而是对于下一场比赛的信心与渴望。

关于灵感，其实很多无聊的时候我会选择"头脑风暴"一下。从多种角度，尝试创新性的发散性的思考。这种主动的思考利于创新思维能力的提升，也使生活中多了很多乐趣。勤奋思考是灵感的来源，很多生活细微的地方都存在着"可以改善"或者"这么做更好"的点，这些灵感的存在便是思考的主动所带来的。无论实现与否，它们的价值是不可被埋没的。想要有新的灵感就请不要吝啬思考。

关于人工智能伦理问题的讨论和通过微软平台认识的这帮伙伴，我感觉自己的思路和眼界更加开阔，很多新颖团队的活动方式也让我从各方面领略合作的魅力。人工智能是未来的大趋势，那么在迎接它的来临之前所要准备的伦理基础思考则是必要的。对于书面对的群体则是未来扛起人工智能大旗的主力军。

赵宜卓

我叫赵宜卓，一名普通学生。开始因对机器人和计算机的兴趣开始系统学习编程，偶然机遇听闻人工智能这个概念，开始探索深度学习与人工智能方向，在探索的过程中发现深度学习的有趣之处，自此走入深度学习大坑。

在撰写书中故事过程中，我们已经在生活中遇到了类似的实际问题，例如自动驾驶是否真的可靠？其错误的代价究竟由谁来承担？这些问题在撰写过程中被不断放大，也由最开始的谁来负责不断推导到错误的源头。与伙伴交流有关人工智能领域的伦理学问题过程中，这些问题的产生与解决不断刷新我对这项技术的认知，也同样让我对这类技术的未来充满期待。技术本身是没有极限的，每一次更优化，每一次更新迭代都是对原有问题的复盘，并在复盘的基础上给出现阶段我们能给出的最优解。尽管它仍可能存在问题，但正是一次一次的改进才让技术更接近我们最初畅想的样子。

故在撰写时，我曾尝试将情景无限逼近现实，尝试让技术落地。将技术本身隔离，单独讨论并不是个好方法，只有将技术赋予温度与人性，才能接近其在现实世界中的处境。我认为这也是本书的中心，它不应是将人工智能技术放置在伦理学的审问台上接受审讯，而是将原本冰冷的数学公式与计算机程序放置于有温度的视角，重新审视它的前世今生，而后探索它的未知含义与潜在能力。

同时借此机会，让我可以用文字向大众阐释我所理解的人工智能。虽然一千个读者心中有一千个哈姆雷特，但我仍希望可以透过我的讲述，去还原一个兼具客观与温度的人工智能。

李旺杰

我叫李旺杰，课余时间喜欢在家里改进体育运动器材和零件。并用 3D 打印和数控铣床技术实现自己的想法，用这些课题也参加过一些创新答辩比赛。在无聊时用笔将自己大脑中的设计呈现在纸上，后来渐渐喜欢上了绘画。2019 年 12 月 4 号有幸加入青少年人工智能伦理画手小组，担任我们组的绘画插图工作。

在用画笔表达其他同学所撰写的故事的同时，我自己也思考如何将人工智能与人们生活更加紧密地结合，如何更好地帮助大众。

　　首先，是需要科技的发展作为支柱，随着技术的发展与更多机器的产生，人们生活更加便捷，许多生活上的事情都可以由人工智能所代替。比如故事中的无人驾驶汽车和索道的自我预防与报警系统。其次，是受服务人员需要按照产品的基本使用原则使用，在相信大数据和科技的前提下，我们应该遵从研究人员经过实验得到的结果行事。像小明自以为是最后付出惨痛的代价，不光影响了自身安全，还影响到了媒体群众对这项技术的看法。最后，尽管科技一直在发展，但永远会有漏洞，又如故事中无人驾驶汽车躲避不及时被撞的事故发生，也警醒我们即使完全按照说明书也会发生意外。但我们要理解科技进步与社会发展永远离不开意外，意外为未来的进步提供了材料，正如故事中最后讲到，出现意外并不可怕，只要我们能够建立完善的定责系统，遵守法律的约束、履行自己的责任，就能够让人类与 AI 相互扶持，和谐共处。

　　最后，对于青少年我们正处于人生中思想最活跃的阶段，在学校学习知识，为之后的研究或探索打下良好基础，课余时间多读自己喜欢领域的书籍拓宽知识储备。未来是人工智能的时代，我相信合理地利用人工智能一定会让人类社会加速发展，使人类社会进入一段新的旅程。

透明

周钰鲲

大家好，我叫周钰鲲，毕业于清华附中，目前就读于北京邮电大学计算机专业。在本书的出版过程中，我作为组长参与了透明原则这一部分的创作，很高兴可以为青少年读者们带来一些对于人工智能发展中伦理问题的看法，希望可以抛砖引玉，启发大家产生对这方面问题的思考。

简单介绍一下自己吧，我的父亲是一位数码爱好者，因此我从小在家里就能经常接触到各式各样的数码杂志，用上当时流行的电子产品，自此也对"科技"这一模糊的概念产生了兴趣。上小学后，有了更多接触科技活动的机会，从选修乐高机器人课，到参加 VEX 大赛、机器人足球赛等活动，我在这方面的爱好也愈加深厚。此时的我虽然获得了亲身参与科技项目的经历，但在更多情况下还只是停留在跟随老师指导、作为"使用者"体验过程的阶段，而不是作为"创造者"去做出真正的改变。

进入中学后，这一身份逐渐发生了变化，我开始接触到了编程——这项真正意义上的创造性活动。我初二加入了学校的创新社团"创客空间"，并在那里作为组员参与完成了第一个项目；升入高中后，又进入了高中生社团"高研实验室"，在那段时间里，我真正培养起了对于计算机编程的兴趣，也了解到了一些前沿的技术与应用。

随着一个偶然的契机，社团获得了参观微软亚太研发集团的机会，现场的工作人员为我们介绍了 Azure 人工智能服务在当前环境下的落地情况，这也是我第一次意识到了此前略显神秘的 AI 技术，竟然已经进入了我们生活中的方方面面，而作为一名 00 后青年，我们将来也必然会生活在这样一个"科幻气息"愈加浓厚的世界里——这是一个仍需要很多思考与探索的世界。抱着这种想法，我通过老师接触到了这个项目，并在之后参与了进来。

如本书主题所言，我们的讨论焦点是"人工智能伦理问题"，目标是去发现人工智能的发展可能在哪些方面与我们的伦理守则产生冲突——相信很多人看到这里，脑海中就已经浮现出了诸如机器人三定律、AI 乌托邦之类的概念，甚至开始对未来忧心忡忡。然而事实并非如此，在当前的发展状况下，人工智能还仅仅是人们手中的工具，未来充满了变数。从一方面讲，这会带来很多未知的风险，例如对个人隐私的侵犯等等；但从另一个方向看，这也给了我们机会去探讨它未来的发展方向，从对社会有益的角度出发，提前对许多可能有违伦理守则的技术路线加以限制。

　　诚然，作为一群非专业人士，我们对人工智能的理解和认识必然存在盲区，探讨出的结论也未必广于读者们的发散思维——我更愿意将这本书的作用描述为一个引子，引导读者从新角度认识 AI 的同时，也鼓励他们开拓思维，在即将到来的科技浪潮中拥有自己的独特洞见。

张添任

　　我毕业于北京师范大学附属实验中学，担任本项目的技术组工作。我热爱计算机科学与人工智能，自主编写过可以辅助桌面角色扮演游戏的在线骰子程序，很荣幸能够参加这次的书籍编纂。在初中时期参加过信息学竞赛的我接触过不少关于人工智能技术方面的内容，包括深度学习和代码编写。刚接触这个话题的时候，我以为人工智能只是人的一种工具，而伦理这个话题对于一种普通而基础的工具来说过于超前；我甚至认为它可以通过一些底层协议绕开而避而不谈。

　　但当我逐步深入了解到当今 AI 存在的许多问题之后才发现"伦

理"二字是人工智能永远无法绕过的一个坎；而这个话题甚至并不超前——哪怕是在人类对 AI 的技术开发并不成熟的今天，AI 也存在许多伦理上的问题：从某些 AI 接触并且学习的数据本身不完整、不科学导致出现隐藏的不公平／歧视的现象，到 AI 使用大数据"主动"泄露个人隐私或信息的问题，甚至 AI 是否应该发现并阻止人类进行恐怖行径；这些问题都值得从几代人的角度，从不同专业的人的视角去探索、讨论、最终逐步解决这些问题。

在编写过程中，世界上的 AI 与相关话题也在不断发展着自己的故事：facebook 旗下两位 AI 突然"产生了自我意识"，开始对话，最终引得人们惊慌，只得关闭它们；人脸识别技术在那一年吸引了大量眼球与讨论：嫌犯劳荣枝因被受益于人脸识别技术的系统所识别而落网，但人脸识别数据公司产生的隐私泄露问题却令人担忧。这些话题也在组内得到了大量的讨论和升华，成为了我们观点的一部分。

作为技术组的一员，我利用了我的所学在团队中在阐释人工智能的相关概念及其原理。作为高中生，我深知自己的知识是极其不够的，所以寻找了大量的机会来查阅有关资料和询问微软请到 lecture 上的教授（也感谢微软提供了此次珍贵的机会和大量能够扩充知识储备的讲座）。通过自我的学习、与专家的讨论和与项目内成员的 brainstorming，我也在不断地用知识武装自己，尝试着对人工智能以及 AI 伦理方面挖掘更深的理解。这本书对 AI 伦理的讨论并不是一切的终点：随着科技的进步与人工智能的技术的不断完善，这个问题依然需要更加持续而深入地探索与思考。希望通过本书，您能有所收获！

李康平

我是李康平。我初中就读于北京一零一中学，高中时有幸考入中国人民大学附属中学本部人工智能实验班，在写下这些字的时候正准备前往芝加哥大学就读本科。

首先，非常感谢您购买并阅读本书。在本书中，您能够读到由一群青少年所构思并创作的，围绕着数个与"人工智能"有关的伦理问题关键点展开的几个虚构故事。若本书能够作为一个窗口而让您得以了解当卜青年所持的见解与看待问题的方法，或甚至能够激发您本人对人工智能伦理学问题的思考，作为本书"透明"主题下第二个故事的作者的我将感到无比荣幸与满足。

随着人工智能的学习与进步，其为满足透明性要求而需要花费在解释上的计算力或许终究有一天会严重挤占本应分配给使人工智能能够继续学习进步，做出更好决策的那部分计算力，而做出更好的决策服务人类本应该是人工智能的首要任务。最终，我设计由故事的主角，也就是读者您，给出"人工智能的做出更好决策的能力与其透明性二者重要程度孰高孰低"这一个问题的回答，并根据此走向两个不同的结局。在结局部分我的观点则明晰得多：人工智能透明性以人工智能决策力的存在为前提，而人工智能决策力又因人工智能透明性存在而不至于失控。以上便是时为高中生的我的一些浅见，不知您是否觉得值得一读？

在对故事的解释之外，我也想在此回忆并记录我参与此项目的难忘经历与宝贵收获。同参与此书制作的其他同学一样，我于2019年7月加入了该项目。在中关村的微软公司大楼，我们受到了最热情的招待，并在接下来的几个月内参加了几次知识分享和观点交流活动。回忆当初，最令我印象深刻的或许不是被慷慨地端上桌的披萨，蛋糕和冰淇淋，而是微软的各位老师们更加慷慨地传授给我们的宝贵知识。曾在知识分享环节站上讲台的老师们无疑都是相关领域的顶尖专家，他们向我们详述的专业内容，领域前景与思维方式，称之为足以改变人的一生都不为过。此外，若是没有负责组织活动的老师的辛勤付出，我们这群来自天南海北的学生们想必也是没有可能完成如此一个项目的。在随之而来的2020及2021年的疫情中，几位活动组织老师尽心尽力，将各位同学的力量联系聚合在了一起，保障了项目的持续推进，我在此向各位组织老师致以最诚挚的感谢。最后，借此次项目机会我认识了许多有思想，有能力的杰出同学。非常感谢你们的付出，与你们共事的时光是短暂而又非常愉快的。

沈子琛

　　我是来自北京八中和西城区科技馆的沈子琛，我对于机器人和人工智能比较感兴趣，在课余的时间我也喜欢进行一些有关的研究。个人来讲，我认为机器人带给了我很多，它不仅给予了我知识，也让我结识到了一群非常优秀的朋友。我是在小学的时候就接触到了机器人，并加入了学校的 fll 队，那是我第一次接触到了机器人，也让我对它产生了浓厚的兴趣，在那里，我也认识到了我的好朋友戴天齐。上高中后，我加入了 ftc 队伍，也进一步深入了解了机器人，并认识到了毛楚天。而在学习方面，我们也得保证在坚持自己爱好的同时不荒废我们的学业，所以首先我们得清楚我们学习是为了什么，究竟是为谁而学习。只有清楚这点之后，自己在学习的时候才能有动力。

　　在自我介绍中，我提到了我喜欢机器人，可这个和人工智能有什么联系吗？对于人工智能和机器人，虽然有人说它们没有一点共通之处，但我认为它们是可以进行一个有机的结合。首先对于机器人而言，它可以分为自主和半自主这两个部分吧，而最终它们也都是用程序来进行控制，那就统称为机器人吧。而人工智能与机器人最大的区别就在于它不仅仅是依靠程序来完成任务，更是一种在只有一小部分程序的基础上进行深度学习，并有一种自己的选择和判断。这两个东西虽然没有太大联系吧，机器人一般都是用一种特定的程序来进行一种重复性劳动，也没必要用到人工智能，但我相信在不久的将来，会出现人工智能机器人。也就是 AI 程序控制的机器人。而我刚才说的这些在书中也会有所体现。说回正题，这次我们组所负责的内容是人工智能的"透明"部分，这是人工智能开发和应用的六个道德原则之一，剩下的为公平，隐私与保障，可靠与安全，包容，负责。透明，指的是人工智能系统易于理解，一旦人工智能体系被用于做出影响人们生活的决策，人们就有必要了解人工智能是如何做出决策的。首先吧，我认为人工智能的透明性还是很有必要的，即使再完美的人工智能也会犯一些错误，尤其是当人工智能在进行关键决策的时候。就举一个诊断肿瘤 AI 的例子，哪怕错误率只有百分之一，但只要出错就会有生命危险，因此人工智能应和人类在某一程度上应协同合作，使得任务变得更容易。而且人工智能在深度学习的时候会产生很多新的算法，而人们也无法知道这些算法最终会演变成什么样子，是否会造成比较严重的后果，因此人工智能的透明性也是很必要的。但透明这是一柄双刃剑，在人工智能保持透明的时候，为了让人类能理解它的算法因此就会降低人工智能的智能性。所以我们最终就得做一个平衡，也就是做到保证透明性的同时还不能降低它的性能。

钟爱

作为北师大实验高中的一枚出国党，我一直不断地在尝试做一些贴近社会生活的调查和实践。时常迸发出奇奇怪怪的新观点，非常沉浸和享受于每一次的想法和行动。我非常高兴能参与这个项目，它带给我的最大意义在于它真正让我接触到了人工智能领域最热点的伦理话题，我和我所在的人工智能透明组的其他伙伴一起针对这些话题进行深度的讨论时，所感受到的与在书本上学习知识是不一样的体验。我仍记得刚到透明组的时候完全是一个"小白"的身份，而后 Zena 姐姐带我们参观微软公司内部的环境氛围也让我记忆犹新。最有意义的时间是我们组内相聚于类似沙龙的区域里随心所欲地讨论各自的想法。大概是讨论构造整体故事的架构时，我们先花了大半天时间各自做自我的思考和想法总结，而当我拿着准备好的十几页文档信息时，实际上小组内的几个人却非常放松地坐在各自的座位上很平常地在聊我们的 idea。我觉得项目留给我们的自由发挥空间是非常多的，这也是我受益匪浅之处。尽管人工智能在生活中的应用已经很广泛了，但是通过简单易懂却富有内涵的故事生动形象地将它表达出来却不易。在经过行业内专家的指导、建议，和我们不断的讨论之后，我们故事的版型终于确立下来。虽然是一个非常艰难且漫长的思考过程，但是我们不断完善丰富故事背景，梳理逻辑思维，做到与漫画版本的合二为一，第一次尝试参与画分镜的这些过程，都是我和同伴互相学习并对主题进一步了解的契机。

由于该项目留给我的印象过于深刻，在 2021 年的海牙模联会议上，我在政治委的会议主题中代表国家参与对 # 更好地规范个人数据和人工智能的使用的措施 # 这个话题的讨论。基于我先前在透明组组内讨论的一些成果和感想，我主动带领其他国家的代表对这个议题编写出解决方案，并且在大会上最先得到通过。

基于此，我认为高中生和大学生们在一起聚集才真正实现了 # Youth AI Ethics # 的意义，同时也希望我们的科普可以为大众对人工智能的伦理话题的看法做出一些改变~